培訓叢書㉗

U0034501

執行能力培訓遊戲

李宇風　編著

憲業企管顧問有限公司　　發行

《執行能力培訓遊戲》
序　言

　　如何通過自身的努力促進團隊目標的達成，如何借助團隊，提升自己的執行能力，本書的編寫主旨在幫助員工提升執行能力。

　　成功的企業離不開好的執行力，執行力是企業成功的一個必要條件。當企業的戰略方向已經或基本確定，這時候執行力就變得最為關鍵，執行力就成了競爭力。

　　執行指的是根據上級的戰略，能貫徹戰略意圖，完成預定目標的活動。執行力是企業為實現目標而具有的計畫、指揮、跟進、協調能力，也是組織實施和完成任務的能力。它是企業競爭力的核心，是企業轉化成為效益、成果的關鍵。

　　本書開發 5 大類近 100 個遊戲，幾乎囊括了所有的培訓主題。無論那一種課程，無論那一類場合，你都可以輕鬆地找到與之相適應的遊戲，以使你的培訓更具魅力和活力，更為有效。

2013 年 10 月

《執行能力培訓遊戲》
目　錄

第二章　競爭能力培訓遊戲 / 65

第三章　學習能力培訓遊戲 / 115

第四章　組織能力培訓遊戲 ／ 183

第 一 章

溝通能力培訓遊戲

1 移動 30 米

遊戲目的：

　　讓遊戲參與者學會如何發現問題和解決問題，讓遊戲參與者透過協作配合有效地解決問題。

遊戲人數：24 人

遊戲時間：40 分鐘

遊戲場地：空地或操場

遊戲材料：1. 三根枯樹幹或木杆，直徑6釐米左右。其中兩根

約3米長，另一根約1.5米長；2.三根1米短繩；3.六根6米長繩

遊戲步驟：

1. 將學員分成3組，讓每組隊員利用上述用具，搭建一個看起來像字母「A」的框架。字母「A」中的橫樑要足夠結實，可以承受一個人的重量。保證木材的邊緣光滑，不要棱角分明，以免劃傷。

2. 隊員把「A」結構豎立起來，讓一個人站到橫樑上。為使橫樑牢固，將另外6根繩子綁在「A」框架的頂端。除站在橫樑上的人外，不允許其他人接觸框架。

3. 橫樑站上人後，要求隊員們把框架移動30米，而其他人要遠離框架，並保證框架在移動的過程中，至少有一點接觸地面。

4. 遊戲開始，最快到達終點者獲勝。

問題討論：

1. 思考總會有辦法，問題總是能解決；只要團隊上下擰成一股繩，把團隊的目標當作自己的目標，把團隊的問題作為首要問題，就必然能找到一條合適的解決問題的途徑。

2. 執行的過程中必然會凸現種種問題，管理者解決問題時，若能透過重重迷霧，追本溯源，抓住事物的根源，往往能夠收到四兩撥千斤的功效。

2 蒙眼排隊

🛈 遊戲目的：

讓遊戲參與者體會透過非語言溝通解決問題，讓遊戲參與者在遊戲中提升解決問題的能力。

💲 遊戲人數：24 人

💷 遊戲時間：30 分鐘

✈ 遊戲場地：空地或操場

€ 遊戲材料：眼罩和製作的號碼若干

🎯 遊戲步驟：

1. 將24名學員分成2組，每組12人。

2. 讓每位學員戴上眼罩。

3. 給學員每人一個號，這個號只有本人知道。

4. 要求兩個小組根據每人的號數，按從小到大的順序分別排列成一條直線。

5. 在遊戲過程中禁止組員進行語言溝通，只要有人說話或脫下眼罩，遊戲就宣告失敗，沒有違規的小組自動獲勝。

6. 遊戲最快的小組為勝者。

 問題討論：

1. 你是用什麼方法來通知小組你的位置和號數？
2. 溝通中都遇到了什麼問題，你是怎麼解決這些問題的？
3. 你覺得還有什麼更好的方法？
4. 溝通是解決問題的前提和根本，沒有良好的溝通就不能有效地解決問題。實際的問題千變萬化，問題解決的辦法也多種多樣，找到合適的辦法，問題就能迎刃而解。

培訓小故事

◎阿東的褲子

　　阿東明天就要參加小學畢業典禮了，怎麼也得精神點兒，把這一美好時光留在記憶之中，於是他高高興興上街買了條褲子，可惜褲子長了兩寸。吃晚飯的時候，趁奶奶、媽媽和嫂子都在場，阿東把褲子長兩寸的問題說了一下，飯桌上大家都沒有反應。飯後大家都去忙自己的事情，這件事情就沒有再被提起。媽媽睡得比較晚，臨睡前想起兒子明天要穿的褲子還長兩寸，於是就悄悄地一個人把褲子剪好疊好放回原處。半夜裏，狂風大作，窗戶「哐」的一聲關上，把嫂子驚醒了，猛然醒悟到小叔子褲子長兩寸，自己輩分最小，怎麼得也是自己去做了，於是披衣起床將褲子處理好才又安然入睡。老奶奶覺輕，第二天一大早醒來給小孫子做早飯上學，趁水未開的時候也想起孫子的褲子長兩寸，馬上快刀斬亂麻。最後阿東只好穿著短四寸的褲子去參加畢業典禮了。

一個團隊僅有良好的願望和熱情是不夠的，要積極引導並靠明確的規則來分工協作，這樣才能把大家的力量形成合力，管理一個項目如此，管理一個部門也是如此。團隊協作需要默契，但這種習慣是靠長期的日積月累來達成的，在協作初創起，還是要靠明確的約束和激勵來養成，沒有規矩，不成方圓，衝天的幹勁引導不好就欲速不達。領導者的權力不是指揮棒，而是杠杆。

3 透過細節找寶物

遊戲目的：

讓遊戲參與者認識細節的重要性，提升遊戲參與者的細節管理能力。

遊戲人數：8 人

遊戲時間：20～60 分鐘

遊戲場地：野外

遊戲材料：地圖、提示卡片，充當寶書的兩本書及尋寶過程中所需的其他物品

遊戲步驟：

1. 培訓師及其他相關人員事先在一個指定範圍內設定數個關卡，每個關卡附近都會有一定的提示，以暗示他們下一階段前進的方向，在終點放置好這次遊戲需要找尋的「寶書」。

2. 培訓師將學員分成兩組，每組選出一位代表作為組長，培訓師告知此次遊戲的任務與規則，並發給每個小組一份地圖。

3. 保證每個小組的路線和關卡指示不同，每個關卡提示的方式最好不要重覆，但完成任務的難度應該相當。

4. 小組學員根據關卡處設定的標記及其他相關細節，透過對其進行分析與判斷，快速地完成任務。

5. 當小組根據相關的提示找到指定的「寶書」後，迅速回集合地報到，先到達集合地的小組勝出。

 問題討論：

1. 這個遊戲給學員帶來了那些啟示？

2. 小組成員如何透過細節提示來完成任務？

3. 在遊戲過程中，小組成員都忽視了那些細節？

4. 細節決定成敗，一步走錯就會滿盤皆輸。管理者如果抓不住細節，即使看得見勝利的曙光，也很難走到成功的終點。牽一髮而動全身，牽一子而動全局。一個看似微不足道的細節會影響到整個執行的局面。

4 視力觀察看細節

ⓘ 遊戲目的：

　　讓遊戲參與者在遊戲中觀察細節，提高遊戲參與者細節觀察的能力。

Ⓢ 遊戲人數：12 人

Ⓔ 遊戲時間：不限

✈ 遊戲場地：室內

€ 遊戲材料：3 張視覺圖片、若干白紙和筆

◎ 遊戲步驟：

　　1. 培訓師事先準備3張容易產生視力錯覺的圖片（見附件）。

　　2. 安排參加遊戲的學員依次坐好，發給每位學員一張白紙，並將準備好的第1張圖片給每個人看，讓學員在沒有與其他學員溝通的情況下，在紙上寫下自己認為長的線條。

　　3. 將學員分成6組，再換一張圖片，交給每位學員觀察，小組內可以進行交流，溝通後在紙上寫下自己認為長的線條。

　　4. 重新安排學員位置，把第一次答案是等長的學員排在前面。

5. 將第三張圖片交給每個學員，相鄰的學員之間可以進行溝通和交流，並在紙上寫下自己認為長的線條。

6. 培訓師將所有的圖片再次傳閱給學員看。培訓師依次詢問每位學員的答案，並記錄他們各自的觀點。

7. 對照每個學員之前的答案是否與這次結果有所不同。

8. 培訓師將正確的結果公佈出來，並組織學員進行討論。

附件　容易產生視力錯覺的圖片

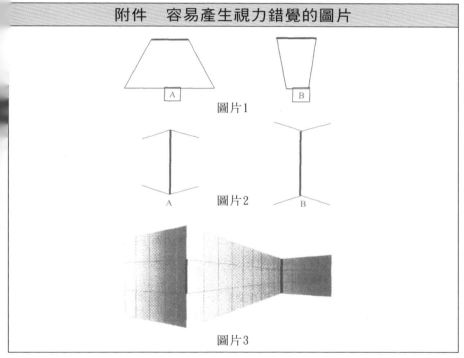

圖片1

圖片2

圖片3

問題討論：

1. 同樣的圖片，為什麼會有不同的回答？是否有第二次更改自己答案的學員？

2. 你如何在日常工作中對細節進行觀察？

3. 你認為細節有何重要性？你如何提升自己的細節管理能力？

4. 沒有仔細的觀察，就無從發現細節。管理者應具有像鷹一樣的觀察力，能夠透過細節洞悉問題的本質。

小事成就大事，細節成就完美；管理者不能只看表像，淺嘗輒止，需要從小事做起，從細節著手，堅持不懈，精益求精，否則執行的結果可能偏離預想的軌道。

5 團隊合作救孩子

🅘 遊戲目的：

提升遊戲參與者共同制訂計劃的能力，提升遊戲參與者團隊相互合作的能力。

🅢 遊戲人數：20 人

🅕 遊戲時間：30 分鐘

✈ 遊戲場地：空地或教室

€ 遊戲材料：1. 玩具娃娃一個；2. 長達 30 米的繩子一條；3. 長達 20 米的繩子兩條；4. 短竹竿兩根

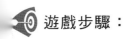

遊戲步驟：

1. 將一個玩具娃娃放在地上,然後用一條長約30米的繩子在娃娃的週圍均勻地圍成一個圈。

2. 培訓師將學員平均分成2組,並向學員介紹任務:

⑴繩子圍起的區域是一片沼澤地,有一天一個孩子(玩具娃娃)不小心陷到了沼澤地裏,急需援救;

⑵你們就是救援工作小組的成員,任務就是將孩子安全地救出沼澤地,不得有任何閃失;

⑶全體隊員必須在 30 分鐘內將孩子救出來。

3. 圈內為沼澤地,所有人都不可以進入圈內,只可以使用兩條20米長的繩子和兩根短竹竿,不得用竹竿碰觸孩子,以免弄傷孩子(因為孩子已處於昏迷狀態)。

問題討論：

1. 為了將孩子救出來,你們小組想出了多少種不同的方法?為什麼最終採用了現行的方法?

2. 你們的救援過程一共分為幾步?每一步驟還有什麼地方可以改進?

> ### 培訓小故事
>
> ◎優秀公司的團隊精神
>
> 　一個優秀的公司,其管理政策總能夠嚴格地延續,其原因何在?科學家們為探求其原因,精心設計並進行了如下實驗……

· 試驗準備

準備一個大籠子，在籠子頂部安裝噴淋裝置，在籠子的一端懸掛一隻香蕉，再安放一架梯子通向香蕉，然後在籠子的另一端放進四隻猩猩。

· 試驗階段一

猩猩甲第一個發現香蕉，它開始向香蕉走去，當它的手觸摸到梯子時，試驗操作人員立刻把籠子頂端的噴淋裝置打開，籠子內頓時下起了「傾盆大雨」，猩猩甲立即收回雙手遮住腦袋，其餘三隻也匆忙用雙手遮雨，等沒有猩猩觸摸梯子時，噴淋裝置關閉。

「雨過天晴」，猩猩甲又開始準備爬梯子去夠香蕉，當它的手再次觸摸到梯子時，又開啟噴淋裝置，眾猩猩又慌忙用雙手遮雨，等沒有猩猩碰梯子時，噴淋關閉。

猩猩甲似乎領悟到被雨淋和香蕉之間的模糊關係，終於放棄取得香蕉的念頭，開始返回籠子的另外一端。

過了一段時間，猩猩乙準備試一試，它走到梯子跟前，當手碰到梯子時，噴淋開啟，大家慌忙避雨，猩猩乙放棄拿香蕉的念頭，匆忙逃回到籠子的另一端，此時關閉噴淋裝置。

又過了一陣兒，猩猩丙準備試試它的運氣，當他向梯子走去的時候，另外三隻猩猩擔心地望著它的背影，尤其是猩猩甲和猩猩乙，當然，猩猩丙也不能逃過厄運，它在瓢潑大雨中狼狽地逃回到夥伴當中。

饑餓折磨著猩猩，猩猩丁雖然看到了三隻猩猩的遭遇，但仍舊懷著一點兒僥倖向梯子走去，它也許在想：「我去拿可能不會像那三個倒楣蛋那樣點兒背吧？」當它快要碰到梯子時，試驗操作人員正準備打開噴淋裝置，沒想到另外三隻猩猩飛快地衝上去把猩猩丁拖了回來，然後一頓暴打，把可憐的猩猩丁僅存的一點兒

言心也從肚子裏打了出來。

　　現在，四隻猩猩老老實實地待在籠子的另一端，眼巴巴而又惶恐不安地望著香蕉。

・試驗階段二

　　試驗人員把猩猩甲放出來，然後放進猩猩戊，這隻新來的猩猩看到了香蕉，高高興興地向梯子走去，結果被猩猩乙、丙、丁拖回來一頓猛捶，它對挨揍的原因不大明白，所以在攢足了勁兒後，又向梯子走去，它想吃那隻香蕉，同樣的結果，三隻猩猩又把它教訓了一頓，雖然還是不明白為什麼挨揍，但它現在明白了那隻香蕉是不能去拿的。

　　試驗人員又把猩猩乙放出來，再放進猩猩己，在動物本能的驅使下，猩猩己準備去拿香蕉，當手快要碰到梯子時，另外三隻猩猩迅速地把它拎了回來，然後一頓暴打，猩猩丙和猩猩丁知道它們為什麼要揍這隻猩猩，然而，猩猩戊卻不太明白它為什麼要揍猩猩己，但是它覺得自己必須得揍它，因為當初別的猩猩也這麼揍過它，揍猩猩己肯定有它的道理。

　　現在猩猩己也老實了，試驗人員把猩猩丙和猩猩丁也相繼放出來，換進新的猩猩，不言自明的是，它們也被拳打腳踢地上了幾「課」。

　　等四位「元老」都被換走之後，結果這四隻新的猩猩還是一樣，老老實實地待在籠子的另一端，眼巴巴而又惶恐不安地望著香蕉。

　　一個公司政策的延續性和它的團隊精神密不可分。

6 別被擠出報紙外

🛈 遊戲目的：

　　讓遊戲參與者認識到團隊合作的重要作用，讓遊戲參與者在遊戲中培養團隊合作精神。

💲 遊戲人數：20 人

💷 遊戲時間：30～40 分鐘

✈ 遊戲場地：不限

€ 遊戲材料：全開的報紙若干

🖋 遊戲步驟：

　　1. 將學員分成2組，每組10人。

　　2. 培訓師在距離4米的地上鋪2張全開的報紙，請兩組成員都站到各自小組的報紙上，要求無論用任何方式都可以，就是不可以把腳踏在報紙之外的地上。

　　3. 兩組都完成後，培訓師請各組將報紙對折後，再請各組成員站在報紙上。各組若有成員被擠出報紙外，則該成員即被淘汰不得再參加下一個回合。

4. 透過把報紙對折，縮小面積，不斷將被擠出的成員淘汰，直到最後只剩下一個人。

5. 請所有學員圍坐成一圈，討論剛才的遊戲過程中有那些收穫並分享心得。

問題討論：

1. 在遊戲過程中，你學到了什麼？

2. 在以後的工作中，你將如何與你團隊的其他成員相互配合？

7 移水出圓

遊戲目的：

訓練學員的團隊溝通能力，培養學員的團隊合作精神。

遊戲人數： 6 人

遊戲時間： 10 分鐘

遊戲場地： 空地

遊戲材料： 杯子；繩子；橡皮筋；蒙眼布

遊戲步驟：

1. 將學員分為兩人一組，用繩子圍成一個半徑約為兩米的圓，將裝滿水的一次性杯子放在圓心。

2. 二人小組中的一人被蒙上眼睛，他負責把圓內的水杯移到圓外。

3. 該小組的另一人必須站在圓外，不得進入圓內。

4. 小組中沒蒙眼睛的成員不能直接參與遊戲，只能為蒙上眼睛的同伴做指引或提示。

5. 將水杯完全移出圓外且溢出的水不超過 1/4 才算成功。

問題討論：

1. 在遊戲進行過程中，小組成員都進行了怎樣的溝通？

2. 沒有蒙眼睛的小組成員應為同伴做怎樣的指引或提示？

3. 大家怎樣認識溝通對於團隊合作的意義？

4. 團隊溝通的四個功能：

⑴控制。團隊成員必須遵守團隊的規範或慣例，溝通可以實現這種功能；同時，非正式溝通還控制著行為。

⑵激勵。溝通可以使團隊成員明確團隊的目標和願景，知道自己要做什麼、怎樣做，從而實現激勵的功能。

⑶情緒表達。團隊成員在工作中有時會產生挫折感或滿足感，這種情緒和感覺需要釋放，而溝通就是良好的途徑。

⑷信息傳遞。團隊工作中需要在成員間相互傳遞大量的信息，以實現團隊的協同和高效，溝通在促進團隊內部的信息傳遞方面有至關

重要的作用。

8 上級下達的任務

遊戲目的：

　　訓練學員與上級和下級進行溝通的能力，提高學員的信息傳遞能力和團隊溝通能力。

遊戲人數：8 人

遊戲時間：30 分鐘

遊戲場地：戶外草地

遊戲材料：眼罩 4 副；繩子(20 米長)1 根

遊戲步驟：

　　一、培訓師讓學員分別擔任總經理(1 人)、總經理秘書(1 人)、部門經理(1 人)、部門經理秘書(1 人)和員工(4 人)。

　　二、遊戲任務及規則

　　總經理要透過自己的秘書向部門經理下達一項任務，該任務就是讓員工(在戴著眼罩的情況下)把一根繩子(20 米長)做成正方形(邊

長為 5 米）。

　　1. 總經理不得直接指揮員工，必須透過秘書將任務指令下達給部門經理；

　　2. 部門經理如有疑問要透過自己的秘書向總經理請示；

　　3. 由部門經理指揮員工完成任務，部門經理在指揮時應與員工保持五米以上的距離。

問題討論：

　　1. 作為總經理，如何向部門經理下達任務？
　　2. 作為秘書，怎樣才能將信息傳遞好？
　　3. 作為部門經理，如何與上下級進行溝通？

9 拼出標準方陣

遊戲目的：
訓練學員的溝通協調能力，增強學員透過溝通解決問題的能力。

遊戲人數：10 人

遊戲時間：40 分鐘

遊戲場地：教室或會議室

◉ **遊戲材料：** 任務指令（見附件一）三份；標準方陣塑膠板（見附卡二）兩套

◉ **遊戲步驟：**

1. 將學員分成三組並命名：第一組（四人）命名為「計劃團隊」；第二組（四人）命名為「執行團隊」；第三組（兩人）命名為「觀察團隊」。

2. 培訓師將三份不同的任務指令分別交給三個小組。

♻ **問題討論：**

1. 作為「計劃團隊」，你們在制訂計劃時進行了怎樣的溝通？你們如何對「執行團隊」進行指導？

2. 作為「執行團隊」，你們如何透過與「計劃團隊」的溝通來消除疑問？在執行任務時你們又進行了怎樣的溝通？

3. 作為「觀察團隊」，你們發現了那些問題？

4. 團隊成員提高溝通水準的四種方法：

⑴在溝通過程中要認真感知，集中注意力，以便準確而及時地傳遞和接受信息，避免信息傳遞錯誤或不完整。

⑵增強記憶的準確性是消除溝通障礙的有效心理措施，記憶準確性水準高的人，傳遞信息更加可靠，接受信息也較為準確。

⑶提高思維能力是提升溝通效果的重要心理因素，較高的思維能力和水準對於正確地傳遞、接受和理解信息起著重要的作用。

⑷培養鎮定的情緒和良好的心理氣氛，創造一個相互信任、溝通便捷的小環境，有助於人們真實地傳遞信息和正確地判斷信息，避免

因想法偏激而歪曲信息。

附件一　三個小組的任務指令

「計劃團隊」任務指令	「執行團隊」任務指令	「觀察團隊」任務指令
你們中的每個人都將收到培訓師所發的一個信封，裏面裝有範本，這4個信封中的範本拼在一起會是一個空方陣（見附件二）。 培訓師宣佈遊戲開始後，你們要在25分鐘之內，制訂出如何指揮「執行團隊」拼出空方陣的計劃，並讓「執行團隊」執行該計劃。 你們只能在「計劃團隊」開始工作之前對他們進行口頭指導；一旦他們開始工作，你們就不能再做任何指導。 在計劃和指導階段不能讓其他人接觸你們每人信封中的範本，也不能與他人交換。 5. 在遊戲結束前，你們不能讓「執行團隊」知道圖形答案，更不能把空方陣組合起來。	你們要做的是按照「計劃團隊」下達的指令，在最短的時間內完成一項任務。 「執行團隊」會隨時對你們進行任務安排和計劃指導。 在開始執行任務之前，你們有任何疑問都可以與「計劃團隊」溝通；一旦開始執行任務，你們將得不到他們的任何指導。 在等待「計劃團隊」下達任務時，你們可以討論問題，例如，你們現在有什麼感受和想法？你們怎樣透過分工協作完成任務？你們對「計劃團隊」有怎樣的評價？最後可以把討論的結果記錄下來，為遊戲結束後的問題討論做好準備。	你們的任務是對「計畫團隊」和「執行團隊」共同拼出空方陣的活動進行觀察並做記錄。 在該活動中，「計劃團隊」將制訂出如何完成任務的計劃，並對「執行團隊」進行指導，然後由「執行團隊」動手完成。 當「執行團隊」開始執行任務後，「計劃團隊」就不能對他們再做任何指導。 你們要對任務完成的整個過程進行觀察並寫出觀察報告。在觀察中你們應重點考慮的問題有：他們是否把握住了完成任務的關鍵？他們是如何進行溝通交流的？你對他們的評價是什麼？

附件二　標準方陣塑膠板圖示

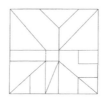

10 我說你畫

🛈 遊戲目的：

讓學員體會單向溝通的弊端，鼓勵學員在工作中進行雙向溝通。

🅂 遊戲人數：不限

💷 遊戲時間：20 分鐘

✈ 遊戲場地：教室

💶 遊戲材料：圖（見附件）1 張

🎯 遊戲步驟：

1. 請一位學員到前面，給他看已經準備好的圖（見附件），讓這位

學員背對大家站立，避免他與大家做眼神或表情交流。

2. 前面這位學員描述他所看到的內容，只能做口頭描述，不能有任何動作提示。

3. 其他學員不能提問，只能按照前面那位學員的描述畫圖。

4. 請另一位學員到前面重新開始遊戲，這次允許他和大家充分溝通。

問題討論：

1. 如果只靠聽覺溝通，大家會有怎樣的感覺？

2. 單向溝通的缺點是什麼？工作中是否存在這種現象？

3. 透過雙向溝通畫圖時，是否仍有人出錯？如果有，原因是什麼？

4. 團隊成員應掌握的傾聽技巧：

(1)透過目光接觸。

(2)覆述，用自己的話重覆對方所說的內容。

(3)贊許性的點頭和做出恰當的面部表情。

(4)要有耐心，不要隨意插話。

(5)避免分心的舉動或手勢。

(6)不要妄加批評和爭論。

(7)提出意見，以顯示自己不僅在傾聽，而且在思考。

(8)使傾聽者與講話者的角色順利轉換。

附件　圖

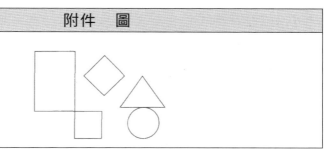

11 輪胎立足

遊戲目的：

培養學員的團隊溝通能力，培養學員的團隊合作精神。

遊戲人數：8 人

遊戲時間：5 分鐘

遊戲場地：空地

遊戲材料：汽車輪胎 1 個

 遊戲步驟：

1. 將汽車輪胎放在空地上，讓所有學員都站上去，至少保持 秒鐘的時間。

2. 首先讓四個人先站在輪胎上，然後讓另外四個人單腳站上輪胎，並手拉手將原先站在輪胎上面的四個人圍住。

問題討論：

1. 大家怎樣才能全部站在輪胎上？事先是否經過溝通協調？

2. 遊戲過程中是否會產生競爭和衝突？你們應如何處理競爭和衝突？

3. 大家如何認識溝通在任務完成過程中的作用？

4. 團隊溝通的重要意義：

(1) 溝通增強了團隊的凝聚力。

(2) 溝通增強了團隊的身份感和歸屬感。

(3) 溝通明確了團隊的目標和方向。

(4) 溝通增強了個人的身份感和認同感。

(5) 溝通是確定團隊期待值的基礎。

培訓小故事

◎通天塔

《聖經·舊約》上說，人類的祖先最初講的是同一種語言。他們在底格裏斯河和幼發拉底河之間，發現了一塊異常肥沃的土

，於是就在那裏定居下來，修起城池，建造起了繁華的巴比倫城。後來，他們的日子越過越好，人們為自己的業績感到驕傲，他們決定在巴比倫修一座通天的高塔，來傳頌自己的赫赫威名，並作為集合全天下弟兄的標記，以免分散。因為大家語言相通，同心協力，階梯式的通天塔修建得非常順利，很快就高聳入雲。上帝耶和華得知此事，立即從天國下凡視察。上帝一看，又驚又怒，因為上帝是不允許凡人達到自己的高度的。他看到人們這樣統一強大，心想，人們講同樣的語言，就能建起這樣的巨塔，日後還有什麼辦不成的事情呢？於是，上帝決定讓人世間的語言發生混亂，使人們互相言語不通。

人們各自操起不同的語言，感情無法交流，思想很難統一，就難免出現互相猜疑，各執己見，爭吵鬥毆。這就是人類之間誤解的開始。修造工程因語言紛爭而停止，人類的力量消失了，通天塔終於半途而廢。

團隊沒有默契，不能發揮團隊績效，而團隊沒有交流溝通，也不可能達成共識。身為領導者，要能善用任何溝通的機會，甚至創造出更多的溝通途徑，與成員充分交流。惟有領導者從自身做起，秉持對話的精神，有方法、有層次地激發員工發表意見與討論，彙集經驗與知識，才能凝聚團隊共識。團隊有共識，才能激發成員的力量，讓成員心甘情願傾力打造企業通天塔。

12 多種性格牌

🛈 遊戲目的：

促進團隊內部的溝通和交流，培養學員與團隊內不同類型的人進行溝通的能力。

🄢 遊戲人數：45 人

🄕 遊戲時間：10 分鐘

✈ 遊戲場地：不限

€ 遊戲材料：性格牌（見附件）45 個

🎯 遊戲步驟：

1. 培訓師發給每個學員一張性格牌，請大家相互尋找符合要求的人，並請符合要求者在性格牌的相應欄內簽字。如果某人數項都符合，讓其簽最符合的一欄。

2. 10 分鐘後，選出得到簽名數量最多的前三名學員。

問題討論：

1. 怎樣確定候選對象？運用什麼方法和他人進行溝通？

2. 面對不同性格的人（如外向和內向），應當分別運用什麼樣的溝通方式？

3. 向別人發問時應避免的六個方面：

⑴不期待答案，如提出修飾性的問題。

⑵打斷回答者的答覆。

⑶暗示想要的答案或修飾回答者給出的答案。

⑷心不在焉或聽錯了答案。

⑸不給回答者足夠的時間組織答案。

⑹發問思路不清，語言欠佳，需要重覆提出問題。

附件　性格牌				
喜歡藍色	喜歡足球	願意做志願者	有子女	喜歡旅遊
會彈吉他	生性樂觀	喜歡思考	喜歡爬山	喜歡看電視
不喜歡吃肉	喜歡小孩	喜歡學習	不喜歡和他人交往	喜歡健身
喜歡開車	喜歡寫作	經常唱歌	喜歡看電影	喜歡探險
喜歡騎車	喜歡城市生活	嚮往鄉村生活	喜歡海邊	喜歡戲曲

13 橫木上移位

遊戲目的：

訓練學員的團隊溝通能力，培養學員合作解決問題的能力。

遊戲人數：16 人

遊戲時間：30 分鐘

遊戲場地：室外

遊戲材料：橫木(12 米長)1 根

遊戲步驟：

請所有學員站在橫木上(任意排列)。

一、遊戲規則

1. 標準：請依據年齡(或身高、體重等)從大到小排列。

2. 在調整位置的過程中，任何人的腳都不能接觸地面，否則必須重新開始。

二、遊戲技巧

1. 最好讓較為瘦小的學員移動。

2. 在兩人換位時，可以手拉手以保持平衡。

問題討論：

　　1. 在調整位置的過程中，有沒有人提出意見？大家對此的反應是什麼？

　　2. 正確的意見是否能被大家快速傳播與接受？

　　3. 當你表達意見時，你如何讓大家馬上明白你的意思？

　　4. 優秀溝通者的特徵：

　　(1)能夠自我組織，表達內容儘量簡潔、清楚。

　　(2)知道自己想說什麼、和誰說、為什麼說以及怎麼說。

　　(3)主動考慮聽眾的感受，瞭解聽眾的語言能力、需求和期待值以及對溝通接受程度的差異。

　　(4)清楚自己無法控制聽眾對自己話語的理解，並坦然面對這種情況。

　　(5)儘量減少溝通對聽眾的影響，知道很多聽眾精力有限、容易分神。

　　(6)設法在溝通中給予積極的回饋。

心得欄 _____

_____

_____

_____

_____

_____

14 什麼代表了我

遊戲目的：

增進團隊成員之間的瞭解，促進學員間的相互溝通和交流。

遊戲人數：不限

遊戲時間：30 分鐘

遊戲場地：不限

遊戲材料：無

遊戲步驟：

讓學員在 15 分鐘內到場地週圍找一件能代表自己的物品，讓學員展示自己找到的物品並解釋其含義。例如，我選擇了一塊石頭，因為它堅硬，這代表了我的堅強；我選擇了一片樹葉，因為它是綠色的，這代表了我對生命的熱愛。

問題討論：

1. 你對物品做出怎樣的解釋，才能使別人更好地理解你？

2. 在眾多的物品中，為什麼你會選擇這個物品？

3. 透過這個遊戲，你對其他學員的瞭解增加了多少？

4. 團隊成員表達前應做的準備：

⑴ **要審視自己**

表達就是向別人傳遞信息，而要確定所傳遞的信息是否完整、準確、易懂，唯一能做的就是審視自己的內心世界，認真思考一下本次溝通的目的是什麼，實現這樣的目的需要什麼樣的信息，這些信息應該以怎樣的方式傳遞，這樣傳遞是否真的能夠實現溝通的目的。為此，可以做一些事先練習，如在大腦中多次重覆想要表達的內容，並選擇適當的語氣。表達能力會在這些練習中逐步得到提升。

⑵ **要做聽眾分析**

表達信息之前還要認真分析聽眾的心理狀態和現實狀況，要摸清對方的心情如何，是焦急、痛苦還是愉悅，對方的工作生活怎樣，當前興趣又是什麼。同時，還要時刻注意聽眾的反應，包括其面部表情、目光接觸和肢體語言，如對方是否有疑問、是否精神集中等。

⑶ **要留意所在場合**

通常，只有當兩人獨處、不受外界干擾時才能有較好的溝通效果。在嘈雜的環境下，聽眾可能只接受到了你所表達的部份信息。而且在壓力大或緊張感較強的場合，信息難以被準確和完整地表達，這也會影響溝通的效果。因此，要根據不同場合選擇不同的溝通方式。

培訓小故事

◎回聲的結局

在山谷裏，只要有一個聲音，就會產生一個同樣的回聲。有多少聲音，就會有多少同樣的回聲。

回聲是相當固執、相當自負的，它認為比產生它的聲音強。有一天，它竟然提出要跟聲音比賽誰最有能耐和口才。

聲音說：「比就要比創造性。」

回聲立刻跟著說：「比就要比創造性。」

聲音說：「但是你只會重覆。」

回聲也毫不相讓：「但是你只會重覆。」

聲音說：「你應該學會謙虛一點。」

回聲毫不猶豫地回敬一句：「你應該學會謙虛一點。」

總之，只要聲音說一句，回聲也照樣說一句，頑固地頂了回去。這場比賽，單調地進行了很久，看來是得不到一個結果了。

後來，聲音有些激動了，就說：「我不跟你爭吵了。」

回聲也生氣地重覆著：「我不跟你爭吵了。」

聲音忍耐了一下，真的就不響了。

回聲還想接著頂一句什麼話。但是這一下糟了，它什麼也說不出來了。

從今以後，假如聲音能堅持下去，永遠不再開口，回聲也就沒辦法再進行比賽，再繼續爭辯自己的優越性，而且，它只好從世界上消滅了。這就是回聲所應該得到的結局。

在團隊中，經常有這樣的現象，一些人總是認為自己屬害別人不行，總是跟別人過不去，抱怨別人如何不好，但是如果真讓他來做，他又真的什麼也做不好。實際上與人相處，需要的是我們的謙虛和包容，如果沒有別人協助，一個人很難做什麼！

15 猜猜他是誰

🎯 遊戲目的：
加深學員間的相互瞭解與熟悉，提高學員的表達能力。

💲 遊戲人數：50 人

💷 遊戲時間：45 分鐘

✈ 遊戲場地：空地或操場

💶 遊戲材料：不透明幕布 1 條

🎯 遊戲步驟：

將學員分成人數相等的兩組，分開站立。每個學員依次說出自己的名字或希望得到的稱謂。培訓師用幕布將兩組學員隔開，並讓兩組人蹲下。

一、第一階段

遊戲規則：兩個小組各派一位代表到幕布前，隔著幕布面對面坐下，然後放下幕布；兩人中先說出對方的名字或稱謂者為勝方，勝方可以將對面成員俘虜至本組。

二、第二階段

遊戲規則：兩個小組各派一位代表到幕布前，隔著幕布背對背坐下，然後放下幕布；兩人要依靠本組成員的提示（不可以說出名字或稱謂）來推測對方是誰。兩人中先說出對方的姓名或稱謂者為勝方，勝方可以將對面成員俘虜至本組。

 問題討論：

1. 大家玩得開心嗎？是否還想繼續玩下去？

2. 怎樣才能快速記住他人的姓名？

3. 在遊戲的第二階段中，各組成員應當怎樣為自己的小組代表做提示？

4. 影響傾聽效率的三大要素：

⑴環境的干擾

環境對人的聽覺與心理活動有重要影響。佈局雜亂、聲音嘈雜的環境將會導致信息接收的缺損。

⑵信息品質低下

講述者有時會發出無效的信息，如一些過激的言辭、過度的抱怨等等。而不善於表達或缺乏表達的願望也會導致無效信息的產生。

⑶傾聽者主觀障礙

傾聽者的主觀障礙主要表現在傾聽者以自我為中心，在理解和感知時對某些信息先入為主，夾雜了個人偏見。

16 搭積木

🛈 遊戲目的：

訓練學員的團隊溝通協調能力，讓學員體會團隊溝通的重要性。

⑤ 遊戲人數： 10 人

£ 遊戲時間： 40 分鐘

✈ 遊戲場地： 教室

€ 遊戲材料： 七彩積木兩套

➤ 遊戲步驟：

1. 培訓師先用一套七彩積木做好一個模型（不能讓學員看到）。

2. 將學員分為「指導組」和「操作組」，每組 5 人。

3. 請「操作組」到教室外面等候，培訓師向「指導組」展示事先準備的模型。

4. 十分鐘後，培訓師收起模型，請「操作組」進入教室。

5. 根據「指導組」的描述，由「操作組」用積木搭建一個完全一樣的模型。20 分鐘後，培訓師出示標準模型，組織學員討論。

問題討論：

1. 如果最後做出的模型和標準模型不一樣，你會有什麼感受？

2. 作為「指導組」成員，你們應當如何向「操作組」進行描述？

3. 作為「操作組」成員，如果存有疑問，你們應當如何與「指導組」進行溝通？

4. 如何才能讓資訊表達得更準確：

⑴需要陳述時不要提問。

⑵要明顯區分出所見與所思。

⑶說話的內容、口氣與身體語言應當相互配合。

⑷一條信息最好只關注一個問題。

⑸避免同時表達出相互矛盾的信息。

17 用三色旗表達

遊戲目的：

幫助團隊領導者瞭解團隊成員的意見是否一致，促進團隊內部的溝通與交流。

遊戲人數：不限

遊戲時間：15 分鐘

遊戲場地：不限

遊戲材料：紅色、黃色、綠色的小旗（可用紅、黃、綠色的紙做成，每人一面）

遊戲步驟：

1. 培訓師給每位學員發三面小旗（紅、黃、綠色各一面）。

2. 小旗將在討論問題時使用。當出現問題需要大家表決時，出示綠旗表示同意，出示黃旗表示不確定，出示紅旗表示反對。

問題討論：

團隊溝通是否充分的六個檢驗標準：

⑴團隊成員是否明白各自的工作價值、工作目標、工作標準、工作程序、工作時間進度計劃、工作業績要求和工作橫向關係。

⑵團隊管理者是否知道團隊成員的工作能力、工作難題、工作進程、業績水準、意志要求、個人苦惱和生活困難。

⑶團隊管理者是否知道團隊各成員給予的相互評價，團隊成員是否對管理者的工作作風、處事方式、個人品質和領導組織能力滿意。

⑷團隊成員相互之間是否清楚對方的工作價值、工作目標、工作標準、工作程序、工作時間進度計劃、工作業績要求、工作關聯和工作進程。

⑸團隊成員間的信息傳遞是否存在失真現象。

⑹團隊成員是否對自己的團隊充滿信心。

18 卡片拼圖形

 **遊戲目的：**

考驗團隊成員間的溝通能力，讓學員體會團隊溝通的重要性。

遊戲人數：5 人

遊戲時間：10 分鐘

遊戲場地：室內

遊戲材料：硬紙若干

遊戲步驟：

1. 培訓師用硬紙製作15個卡片，將這些卡片拼成5個正方形（見附件）。

2. 將15個卡片按照序號分別裝在5個信封內，5個學員每人發一個信封。

3. 全體學員的目標是將信封內的卡片拼成五個正方形。

4. 遊戲過程中，大家不能相互溝通。

5. 學員手裏的卡片只能給別人，不能請求他人給自己卡片。

問題討論：

　　1. 大家是否願意將自己的卡片交給別人？當別人給自己卡片時，你有什麼感受？

　　2. 當團隊內部無法進行溝通時，大家應怎樣做？

　　3. 團隊溝通不暢的八個原因：

　　⑴團隊成員缺乏溝通的基本常識，根據自己的理解隨意進行溝通。

　　⑵團隊內部等級觀念較強，有部份團隊成員不能平等地對待他人。

　　⑶溝通時措辭不當，表達內容空洞，不能換位思考，不能引起對方的興趣。

　　⑷想當然地認為其他人知道這些信息。

　　⑸工作時間安排不當，團隊內部沒有時間進行溝通。

　　⑹不善於傾聽他人，大家只習慣於表達自己。

　　⑺團隊成員缺乏互信，常常「溝而不通」。

　　⑻團隊管理者缺乏溝通意識，不重視溝通。

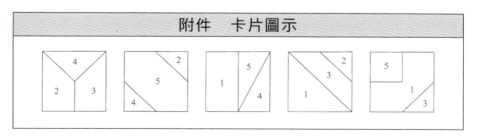

附件　卡片圖示

19 蒙眼找鞋

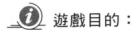 **遊戲目的：**

訓練團隊成員的表達能力，增強學員在團隊合作中的溝通能力。

遊戲人數：20 人

遊戲時間：40 分鐘

遊戲場地：操場或空地

遊戲材料：棉拖鞋 4 雙；眼罩 4 副

遊戲步驟：

1. 將學員分為五人一組，每組發一雙棉拖鞋。培訓師畫一條起點線，各小組都要站在起點線後面，各小組將拖鞋置於距起點線五步遠的地方（見附件）。

2. 各組輪流派出一名學員，他的任務是在蒙住眼睛的情況下，準確向前走五步，在第六步穿到拖鞋。

3. 被派出的學員在出發前要蒙住眼睛旋轉三圈，然後根據本組學員的提示前進（其他組也可以用錯誤的提示進行干擾）。

4. 在規定時間內穿鞋最多的小組獲勝。

問題討論：

1. 當蒙上眼睛找拖鞋時，你是否能分清正確的指示和錯誤的干擾？

2. 在指導本組學員尋找拖鞋時，剩餘學員是否做過溝通，商討指導方案和抗干擾方案？

3. 怎樣才能按照遊戲規則準確找到拖鞋？

4. 如何建立有效的團隊溝通機制：

⑴縮短信息傳遞鏈，保證信息得到及時溝通。這樣可以在很大程度上避免信息傳遞失真。

⑵增加溝通管道。例如，領導者經常走出辦公室與下屬進行面對面的溝通，這會使員工覺得領導者理解自己的需要，使溝通達得事半功倍的效果。

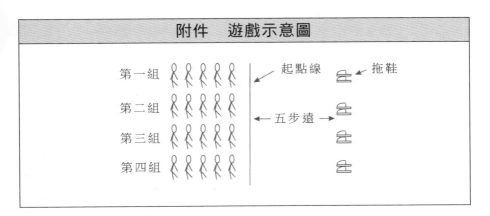

附件　遊戲示意圖

20 老虎和森林

🛈 遊戲目的：

創建良好的團隊溝通氣氛，訓練學員的溝通技巧。

💲 遊戲人數：20 人

💷 遊戲時間：20 分鐘

✈ 遊戲場地：不限

€ 遊戲材料：無

✍ 遊戲步驟：

1. 將學員分為三人一組，剩餘的兩人擔任臨時人員。各小組中，兩人扮「森林」，面朝對方，手牽手圍成一個圓圈；一人扮「老虎」，站在圓圈內。

2. 培訓師喊「老虎」時，「森林」不動，扮演「老虎」的人必須馬上離開原來的「森林」，選擇新的「森林」。此時，臨時人員要扮「老虎」並進入「森林」。最後，沒有找到「森林」的「老虎」為大家表演節目。

3. 培訓師喊「森林」時，「老虎」不動，扮演「森林」的人必須

馬上分開，重新選擇同伴組成新的「森林」，並圍住「老虎」。此時，臨時人員要扮「森林」參與遊戲。最後，沒有組合成功的學員為大家表演節目。

4. 培訓師喊「地震」時，扮演「森林」和「老虎」的人要全部打散並重新組合，任何人都可以選擇扮演「森林」或者「老虎」。此時，臨時人員也加入遊戲中。最後，沒有組合成功的學員為大家表演節目。

 問題討論：

1. 怎樣才能更快地找到自己的夥伴？
2. 在遊戲中，大家應當進行怎樣的溝通？
3. 知名公司的團隊溝通技巧：

⑴ **講故事**

波音公司在 1994 年以前遇到了一些困難，總裁康迪上任後，經常邀請高級經理們到自己家中共進晚餐，然後在屋週邊著個大火盆講述有關波音公司的歷史。康迪請這些經理們把不好的經歷寫下來扔到火裏燒掉，以此埋葬波音公司歷史上的「陰暗」面，只保留那些振奮人心的故事，以此鼓舞士氣。

⑵ **聊天**

奧田碩是豐田公司第一位不是來自豐田家族的總裁，在長期的職業生涯中，奧田碩贏得了公司內部許多人士的愛戴。他有 1/3 的時間在豐田城裏度過，常常和公司多名工程師聊天，聊最近的工作，聊生活上的困難。另外 1/3 的時間他走訪了 5000 名經銷商，和他們聊業務，聽取他們的意見和建議。

⑶ **幫員工制訂發展計劃**

愛立信是一家「百年老店」，公司員工每年都會有一次與人力資

源經理或主管經理的個人面談機會，在上級的幫助下制訂個人發展計劃，以跟上公司業務發展。

(4)**鼓勵越級報告**

在惠普公司，總裁辦公室從來沒有門，員工在受到頂頭上司的不公正待遇或看到公司發生問題時，可以直接提出，還可越級反映。這種企業文化使得公司內部員工在相處時，彼此之間都能做到互相尊重，消除了對抗和隔閡。

(5)**動員員工參與決策**

福特公司每年都要制訂一個全年的「員工參與計劃」，動員員工參與企業管理。此舉引發了員工對企業的「知遇之恩」，合理化建議越來越多，使生產成本大大降低。

(6)**返聘被辭退的員工**

日本三洋公司曾經購買過美國弗裏斯特市電視機廠，日本管理人員到達弗裏斯特市後，不去社會上公開招聘員工，而是聘用那些以前曾在本廠工作過，眼下仍失業的工人。只要工作態度好、技術上沒問題，三洋公司都歡迎他們回來應聘。

(7)**口頭表揚**

表揚是當今企業應用得最有效的激勵辦法，它也是一種有效的團隊溝通方法。松下公司很注意表揚人，創始人松下幸之助如果當面碰上表現好的員工，會立即給予口頭表揚，如果員工不在現場，松下還會親自打電話予以表揚。

培訓小故事

◎小矮人的力量

在古希臘時期的賽普勒斯，曾經有一座城堡裏關著一群小矮

人。傳說他們是因為受到了可怕咒語的詛咒，而被關到這個與世隔絕的地方。他們找不到任何人可以求助，沒有糧食，沒有水，七個小矮人越來越絕望。

小矮人們沒有想到，這是神靈對他們的考驗，關於團結、智慧、知識、合作的考驗。

神靈希望經過這次考驗，小矮人們能悟出以下道理：資訊不代表知識。

分享、溝通與行動是將知識轉化為成果的關鍵。知識透過有效的管理，最終將變成生產力。小矮人中，阿基米德是第一個收到守護神雅典娜托夢的。雅典娜告訴他，在這個城堡裏，除了他們呆的那間陰濕的儲藏室以外，其他的 25 個房間裏，有 1 個房間裏有一些蜂蜜和水，夠他們維持一段時間；而在另外的 24 個房間裏有石頭，其中有 240 個玫瑰紅的靈石，收集到這 240 塊靈石，並把它們排成一個圈的形狀，可怕的咒語就會解除，他們就能逃離厄運，重歸自己的家園。

第二天，阿基米德迫不及待地把這個夢告訴了其他的六個夥伴，其他四個人都不願意相信，只有愛麗絲和蘇格拉底願意和他一起去努力。開始的幾天裏，愛麗絲想先去找些木柴生火，這樣既能取暖又能讓房間裏有些光線；蘇格拉底想先去找那個有食物的房間；而阿基米德想快點把 240 塊靈石找齊，好快點讓咒語解除；三個人無法統一意見，於是決定各找各的，但幾天下來，三個人都沒有成果，倒是耗得筋疲力盡了，更讓其他的四個人取笑不已。

但是三個人沒有放棄，失敗讓他們意識到應該團結起來。他們決定，先找火種，再找吃的，最後大家一起找靈石。這是個靈

驗的方法，三個人很快在左邊第二個房間裏找到了大量的蜂蜜和水。

顯而易見，一個共同而明確的目標，對於任何團隊來說都非常重要。

在經過了幾天的饑餓之後，他們狼吞虎嚥了一番；然後帶了許多分給特洛伊、安吉拉、亞里斯多德和梅麗沙。溫飽的希望改變了其他四個人的想法，他們後悔自己開始時的愚蠢，並主動要求要和阿基米德他們一同尋找靈石，解除那可恨的咒語。

小矮人們從這件事中，發現了一個讓他們終生受益的道理：知識不過是一種工具，只有透過人與人之間溝通、互補，才能發揮它的全部能量。

為了提高效率，阿基米德決定把七個人兵分兩路：原來三個人，繼續從左邊找，而特洛伊等四人則從右邊找。但問題很快就出來了，由於前三天一直都坐在原地，特洛伊等四人根本沒有任何的方向感，城堡對於他們來說像個迷宮，他們幾乎就是在原地打轉。阿基米德果斷地重新分配，愛麗絲和蘇格拉底各帶一人，用自己的訣竅和經驗指導他們慢慢地熟悉城堡。

喜愛思考的阿基米德，又明白了：經驗也是一種生產力，透過在團體中的共用，可以產生意想不到的效果。當然，事情並不如想像中那麼順利，先是蘇格拉底和特洛伊那組，他們總是嫌其他兩個組太慢。後來，當過花農的梅麗莎發現，大家找來的石頭裏大部份都不是玫瑰紅的；最後由於地形不熟，大家經常日復一日地在同一個房間裏找靈石。大家的信心又開始慢慢喪失。小矮人們都沒有注意到一個問題：阻力來自於不信任和非正常干擾。

阿基米德非常著急。這天傍晚，他把 7 個人都召集在一起，

商量辦法。可是，交流會剛開始，就變成了相互指責的批判會。

性子急的蘇格拉底先開口：「你們怎麼同事，一天只能找到兩三個有石頭的房間？」

「那麼多房間，門上又沒有寫那個是有石頭的，那個是沒有的，當然會找很長時間了！」愛麗絲答道。

「難道你們沒有注意到，門鎖是上孔的都是沒有的，門鎖是十字型的都是有石頭的嗎？」蘇格拉底反問。

「幹嗎不早說呢？害得我們做了那麼多無用功。」其他人聽到這兒，似乎有點生氣……經過交流，大家才發現，原來他們有些人可能找準房間很快，但可能在房間裏找到的石頭都是錯的；而那些找得非常準的人，往往又速度太慢。其實，這個道理非常簡單：具有專業素質的人才很關鍵。

於是，在愛麗絲的提議下，大家決定每天開一次會，交流經驗和竅門，然後，把很有用的那些都抄在能照到亮光的牆上，提醒大家，省得再去走彎路。這面牆上的第一條經驗就是：將我們寶貴的經驗與更多的夥伴們分享，我們才有可能最快地走出困境。

在 7 個人的通力協作下，他們終於找齊了所有的 240 塊靈石，但就在這時蘇格拉底停止了呼吸。大家極度的震驚和恐懼之餘，火種突然又滅了。

沒有火種，就沒有光線，沒有光線，大家就根本沒有辦法把石頭排成一個圈。

本以為是件簡單的事，大家都紛紛地來幫忙生火，那知道，六個人費了半天的勁，還是無法生火──以前生火的事都是蘇格拉底幹的。寒冷、黑暗和恐懼再一次向小矮人們襲來，灰暗的情緒波及到了每一個人，阿基米德非常後悔當初沒有向蘇格拉底學

習生火,他又悟出了一個道理:在一個團隊裏,不能讓核心技術只掌握在一個人手裏。

在神靈的眷顧下,最終,火還是被生起來了。小矮人們勝利了,勝利的法寶無疑就是:知識透過有效的管理,最終將變成生產力。

團隊的力量可以解決一切的問題,並且在團隊合作過程中,大家才能成長起來。

21 盲人三角形

遊戲目的:
訓練學員的團隊溝通能力,培養學員的團隊協作精神。

遊戲人數:6 人

遊戲時間:15 分鐘

遊戲場地:空地

遊戲材料:繩子(約 10 米長)1 根,眼罩 6 副

遊戲步驟：

1. 讓學員仔細觀察週圍環境，然後將他們的眼睛蒙上。

2. 將繩子遞給學員（每個學員都握住繩子），6 位學員要將繩子拉成一個正三角形；三角形的一個角要正對著東方。

 問題討論：

1. 在拉成三角形的過程中，大家應當如何溝通？

2. 最後的結果與任務要求差距大嗎？原因是什麼？

3. 化解團隊衝突的五種策略：

⑴避免：從衝突中退出，任其發展變化。

⑵強制：以犧牲一方為代價而滿足另一方的需要。以這種「他輸、你贏」的方式解決團隊中的衝突。

⑶調和：這是將他人的需要和利益放在高於自己的位置之上，以「他贏、你輸」的方式來維持和諧關係的策略。

⑷妥協：要求每一方都做出一定的讓步，達到各方都有所贏、有所輸的效果。

⑸合作：這是一種雙贏的解決辦法，此時衝突各方都滿足了自己的利益。這種策略要求雙方之間開誠佈公地進行討論，積極傾聽並理解雙方的差異，對有利於雙方的所有可能的解決辦法加以仔細權衡。

22 蒙眼取氣球

ⓘ 遊戲目的：

　　訓練學員的表達能力及回饋能力，增強團隊成員間互動的默契性。

⑤ 遊戲人數：6 人

⑥ 遊戲時間：15 分鐘

✈ 遊戲場地：空地

€ 遊戲材料：椅子若干把；氣球若干個；眼罩兩副

◎ 遊戲步驟：

　　1. 將學員分為3人一組，每組選出一位代表，培訓將其眼睛蒙上。

　　2. 培訓師將椅子放入場地作為障礙物，同時在場地中放兩個氣球。

　　3. 聽到比賽開始的口令後，被蒙住眼睛的學員要進入遊戲場地去尋找氣球，並將氣球帶回，首先將氣球帶回的小組獲勝。

　　4. 各小組其他成員在遊戲場地外指導和提示本組代表，同時也可誤導和干擾對方代表。

問題討論：

1. 賽前，你們小組是否做過溝通和協調？
2. 你們透過什麼方法來減輕對手帶來的干擾？
3. 比賽中，當對方領先時，你們會給本組代表發出怎樣的信息？
4. 溝通時的聲音和語速：

⑴恰當的聲音和語速能讓聽者專心地接收信息，聲音包括音量、語氣，語速則是講話時的速度。

⑵講話時首先要保證聲音足夠大而清楚，可以根據不同的情況調整聲音，在有些情況下可以靠改變音量來集中聽者的注意力。

⑶講話要想不單調，還要學會變音，聲音的抑揚頓挫能夠體現出講話者對這個問題的熱情程度，從而吸引聽者的注意。

⑷講話的語氣要表現出真誠，它表達了信息中包含的感情，決定著他人接受信息時的心理感受。

⑸語速決定了聽者有效傾聽和理解的程度。不同地域的人有著不同的講話風格，所以根據談話對象靈活地調整語速具有重要意義。恰當的語速能夠消除不同聽者接受信息的差異，從而達到更好的溝通效果。

⑹語速要以清楚為前提，同時要保持與聽者的語速相匹配，講話過程中最好偶爾插入停頓。

培訓小故事

◎一隻大雁的哀鳴

在加拿大溫哥華的海濱公園，生活著這樣一群大雁，它們放

棄了一年一度的遷徙，從候鳥變成了留鳥。起先只有兩三隻大雁到後來增加到數百隻，越來越多。它們再也不願往南飛了，因為它們發現，人們來到海濱遊玩的時候，總是喜歡攜帶一些餅乾、薯片、雜食來餵養它們。即使在嚴酷的冬天，它們也可以一邊躲在建築物裏避寒，一邊等待著人類的餵養。它們似乎再也不用擔心過冬的食物了。這些聰明的鳥兒，也早已學會了如何討好人類，圍繞在人的週圍，呀呀地叫著諂媚乞食。

傑克可能是最後一隻南飛的大雁，它對兒子羅納說：「我們不能忘了南方的故鄉，那裏是我們心靈的家園。」

「可是，南方實在是太遙遠了！」兒子有些畏難。

傑克嚴肅地告訴兒子：「南方雖然遙遠，卻能夠鍛鍊我們飛翔的能力。」傑克是一隻理想主義的大雁，任何困難都阻擋不了它的決心。

傑克不得不正視一個現實的問題：大雁南飛是一個團隊合作的過程，它必須找到一群志同道合的夥伴。在傑克的生涯中，它曾經有過這樣的經歷：當秋天來臨，整個雁群就會積極做好南飛的準備。它們總是喜歡排成「人」字飛行，在這種團隊結構中，每一隻鳥扇動的翅膀都會為緊隨其後的同伴鼓舞起一股向上的力量。這樣，雁群中的每個成員都會比一隻單飛的大雁增加超過70%的飛行效率，從而能夠支持它們順利地到達目的地，完成長途的遷徙。人們讚歎大雁，為它們的團隊精神而感動不已，傑克也為自己是這支光榮團隊的一分子而倍感自豪。

然而，傑克經過多方努力，再也找不到一個願意和它一起重返藍天的同伴。因為貪圖溫哥華海濱公園不勞而獲的享受，那些大雁拒絕了傑克的建議。更何況，許多大雁都得了富貴病，大腹

更便，體態臃腫，很難適應長途飛行。為了一點短期的利益，大雁們忘記了它們的目標，光榮的團隊早已變成了歷史，變成了令人百感交集的回憶。失望的傑克只好獨自帶著兒子上路了，開始了命中註定的一次悲情之旅。

一個星期之後，英雄的傑克便永遠消失在藍天白雲之間了，一顆罪惡的子彈擊中了它筋疲力盡的翅膀。不斷滴落的鮮血染紅了天空的記憶，直到傑克發出最後一聲哀鳴。

團隊是個人幸福的源泉，一個人離開了團隊，無疑成了無源之水，無本之木。一個團隊如果喪失了奮鬥進取的精神，面臨的必然是退化和衰亡。

23 應該先救誰

遊戲目的：

訓練學員的團隊協調溝通能力，提高學員正確處理不同意見的能力。

遊戲人數：20 人

遊戲時間：30 分鐘

遊戲場地：教室

遊戲材料：「人物重要性排序表」（見附件）20 份

 **遊戲步驟：**

1. 情境：一艘在海洋上航行的輪船不幸觸礁，還有20分鐘就要沉沒。船上有16個人，可唯一的救生小船只能容下6個人，那6個人應該上救生船呢？

2. 請學員獨立對人物的重要性進行排序，最重要的填1，次重要的填2，依此類推，最不重要的填16。

3. 將學員分成兩組，用 15 分鐘時間進行討論，小組成員最後得出統一意見。

問題討論：

1. 到了船沉沒的時候，是否仍有小組沒有得出統一意見？

2. 小組在討論中是否設立了討論標準？

3. 小組中是否有互不妥協的情況出現？如果有，應當如何解決？

4. 勤過問則少出錯，常溝通必多暢通。理有不通，雖至理不可行；事有不明，雖好事不能成。

附件　人物重要性排序表

人物情況			個人選擇順序	小組選擇順序	差異
船長	男	45歲			
船員A	男	30歲			
船員B	男	28歲			
船員C	男	23歲			
副省長	男	62歲			
副縣長	女	39歲			
副縣長的兒子	男	12歲			
海洋學家	男	52歲			
生物學家	女	33歲			
生物學家的女兒	女	3歲			
員警A	男	40歲			
員警B	女	34歲			
罪犯（孕婦）	女	29歲			
醫生	男	44歲			
護士	女	23歲			
因工負傷的重病人（昏迷）	男	26歲			

24 島嶼上的任務

ⓘ 遊戲目的：
訓練學員的團隊溝通能力，培養學員的團隊合作精神。

Ⓢ 遊戲人數：28 人

Ⓕ 遊戲時間：20 分鐘

✈ 遊戲場地：空地

€ 遊戲材料：「島嶼角色及任務說明書」（見附件）；眼罩若干副；佈置島嶼所用的紙張、器材等

◎ 遊戲步驟：

將所有學員分成 4 組，培訓師給每組分配角色及任務。

⑴一組人扮演健康島居民，都是健康人；

⑵一組人扮演盲人島居民，他們能說不能看；

⑶一組人扮演聾啞島居民，他們能看不能說；

⑷一組人扮演人造渡船。

問題討論：

1. 培訓師宣佈遊戲開始後，各小組都出現了怎樣的情況？

2. 在完成任務的過程中，小組內部及小組間出現了什麼溝通問題？

3. 遊戲給我們的工作帶來了怎樣的啟示？

4. 五種溝通網路：

⑴五種溝通網路圖示

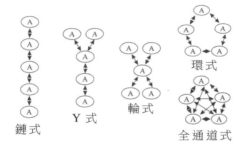

⑵五種溝通網路的有效性對比

對比標準	鏈式	Y式	輪式	環式	全通道式
信息傳遞的速度	中等	中等	快	慢	快
信息傳遞的準確性	高	高	高	低	中等
信息的可控制性	中等	中等	高	低	低
參與溝通的積極性	中等	中等	低	高	高

附件　島嶼角色及任務說明書

健康島居民	聾啞島居民	盲人島居民	人造渡船
你們小組在輪船失事後，漂流到「健康島」上，你們必須完成兩項任務。 任務一：在你們島上發現三個「土著人」陷於「沼澤地」，你們的任務是用「小竹排」安全地把三個「土著人」救出「沼澤地」並送達「乾草地」。遊戲規則如下。 　你們小組三人扮演「土著人」，三人扮演「營救人」，「營救人」與其中一個「土著人」會駕駛「小竹排」。 　由於語言不通，「土著人」懷有敵意，因此不論在「沼澤地」、「小竹排」和「乾草地」那一處，如果「土著人」多於「營救人」，「營救人」都會被傷害。 　「小竹排」一次最多只可以載兩人。 任務二：將「聾啞島」與「盲人島」上的「居民」按遊戲規則引渡到「健康島」上。	你們小組在輪船失事後，漂流到「聾啞島」上。由於漂流疲勞，全體人員暫時「失聲」，不能講話。你們有兩項任務。 任務一：用三張報紙做兩艘「救生船」，「救生船」要營救傷患，需要較好的避震性能，在「救生船」中放一個雞蛋，從1.5米處自由墜落，以雞蛋不破為成功。 任務二：指導「盲人島」的人員完成任務後，透過「人造渡船」將他們引渡到聾啞島上，最後你們與他們一起到達「健康島」。	你們小組在輪船失事後，漂流到「盲人島」上。在你們島上的小組成員因海水刺激，全體人員暫時「失明」，不能看見任何東西。你們有以下任務。 任務一：每個人在島上尋找一個可以治療失明的「仙人球」(本任務由培訓師告知)。 任務二：你們每個人必須親自把手中的小球拋進紙盒裏，才可以「複明」，搭乘「人造渡船」離開「盲人島」。	你們的任務是：用人體搭建「人造渡船」，送三個島嶼上的人員到目的地。

第 二 章

競爭能力培訓遊戲

1 時間為何不夠用

遊戲目的：

　　讓遊戲參與者明白時間是如何被浪費的，引導遊戲參與者有效地利用可支配的時間。

遊戲人數：不限

遊戲時間：20 分鐘左右

遊戲場地：不限

遊戲材料：紙、筆、幻燈片或黑板

遊戲步驟：

1. 培訓師為學員讀下列的故事。

某公司員工小李不久前被提升為銷售部經理，上任後，他總是感覺時間不夠用，下面是他一天工作的情形。

(1)正式工作前，他計劃先撰寫出一份報告，下班前交至總經理辦公室。

(2) 9：00，進入工作狀態，準備開始撰寫報告，這時，電話鈴響了，對方詢問公司產品的相關問題，用去10分鐘。

(3)接下來，給部門員工佈置近期的工作任務，此時，時間是9：45。

(4)聽取員工工作彙報、文件簽字、審批次處理，用去20分鐘。

(5) 10：05，查看公司銷售情況及瞭解競爭對手的情況，並列出公司銷售工作中存在的問題，準備下午召開部門會議討論。

(6) 10：50，總經理秘書告知，去總經理辦公室，總經理有事需要與之商談，從總經理辦公室出來，時間已經是11：30。

(7)回到辦公室，整理報告思路，到12：00時，報告剛剛完成了一小段內容。

(8) 13：30，下午的工作正式開始，部門一位員工就工作上的事情前來諮詢。

(9) 14：00，與人力資源部經理就銷售部門的招聘工作進行了交流。

(10) 14：30，審閱公司的部門銷售合約。

(11) 15：00，召開部門會議，就部門工作中的問題進行討論與研究。

⑿　16：30，會議結束，但沒有制定出有效的解決辦法。

⒀直至17：00下班，小李也沒能完成那份工作報告。他只能帶回家做了。

2.讀完故事後，培訓師組織學員進行討論。

 問題討論：

1.小李為何沒能完成那份報告？

2.在日常工作中，你是否和小李一樣感到時間不夠用？

3.你如何透過時間管理來保障自己的工作效率？

4.有人認為每天忙忙碌碌就是善於利用時間，但實際上許多忙得焦頭爛額的人正是缺乏時間管理能力的人；管理者必須不斷提升自己的時間管理能力。

管理者應學會時間管理，有效安排自己的可支配時間，根據事務的輕重緩急做好時間計劃，並在時間管理計劃實施的過程中，儘量避免受到外界的干擾。

2 透過繩子看時間

 遊戲目的：

讓遊戲參與者認識到人們工作時間的短暫，讓遊戲參與者認識到時間管理的重要作用。

💲 **遊戲人數**：3 人及以上

💷 **遊戲時間**：15～20 分鐘

✈ **遊戲場地**：不限

€ **遊戲材料**：長度 40 釐米的細繩和剪刀若干

✏ **遊戲步驟**：

1. 繩子的長度象徵一個人的壽命，1寸代表1年，正常人在1～20歲和60～80歲這兩個階段都無法工作，人的一生真正能用於工作的可能只有40年的時間，看看我們的時間是如何分配的。

2. 以下是一個正常人的時間賬目表：

項目	每天耗時	40年耗時	結餘
睡眠	8小時	13.3年	26.7年
一日三餐	2.5小時	2年	22.5年
交通	1.5小時	2.5年	20年
電話	1小時	1.7年	18.3年
看電視、上網	3小時	5年	13.3年
看報、聊天	3小時	5年	8.3年
刷牙、洗臉、洗澡	1小時	1.7年	6.6年
午休、休假、鬧情緒、身體不適	2小時	3.3年	3.3年
工作時間	2小時	3.3年	0年

從上表中我們得到的結果是：我們真正工作的時間只有3.3年！

3. 培訓師可以根據以上的時間賬目表，每發生一個項目，就將原來的細繩剪去相對應繩子的長度。也可以準備繩子讓學員自己剪，這樣學員的感觸會更深。

就時間管理的話題進行討論。

 問題討論：

1. 我們只有3.3年的時間去創造價值，我們應該如何管理時間？

2. 有那些事情浪費了我們的時間？如何才能盡可能地避免時間的浪費？

3. 時光如梭，人生有涯；我們真正的工作時間只有 3.3 年。管理者不能在時間流逝後，才去感歎和後悔，而是需要把握現在，避免時間的浪費，用自己有限的時間去實現更多的夢想和目標。

人生太短，只爭朝夕；時間是生命的原料，是最稀有的資源，一個人的成就有多大，取決於他怎樣利用自己的時間。

培訓小故事

◎海馬的焦慮

小海馬有一天做了一個夢，夢見自己擁有了七座金山。

從美夢中醒來，小海馬覺得這個夢是一個神秘的它現在全部的財富是七個金幣，但總有一天，這七個金幣會變成七座金山。

於是它毅然決然地離開了自己的家，帶著僅有的七個金幣，去尋找夢中的七座金山，雖然它並不知道七座金山到底在那裏。

海馬是豎著身子游動的，游得很緩慢。它在大海裏艱難地游

動，心裏一直在想：也許那七座金山會突然出現在眼前。

　　然而金山並沒有出現。出現在眼前的是一條鰻魚。鰻魚問：「海馬兄弟，看你匆匆忙忙的，你幹什麼去？」海馬驕傲地說：「我去尋找屬於我自己的七座金山。只是……我游得太慢了。」「那你真是太幸運了。對於如何提高你的速度，我恰好有一個完整的解決方案。」鰻魚說：「只要你給我四個金幣，我就給你一個鰭，有了這個鰭，你游起來就會快得多。」海馬戴上了用四個金幣換來的鰭，發現自己游動的速度果然提高了一倍。海馬歡快地游著，心裏想，也許金山馬上就出現在眼前了。

　　然而金山並沒有出現，出現在海馬眼前的，是一個水母。水母問：「小海馬，看你急匆匆的樣子，你想要到那裏去？」海馬驕傲地說：「我去尋找屬於我自己的七座金山。只是……我游得太慢了？」「那你真是太幸運了。對於如何提高你的速度，我有一個完善的解決方案」。水母說：「你看，這是一個噴氣式快速滑行艇，你只要給我三個金幣，我就把它給你。它可以在大海上飛快地行駛，你想到那裏就能到那裏。」海馬用剩下的三個金幣買下這個小艇。它發現，這個神奇的小艇使它的速度一下子提高了五倍。它想，用不了多久，金山就會馬上出現在眼前了。

　　然而金山還是沒有出現，出現在海馬眼前的，是一條大鯊魚。大鯊魚對它說：「你太幸運了。對於如何提高你的速度，我恰好有一套徹底的解決方案。我本身就是一條在大海裏飛快行駛的大船，你要搭乘我這艘大船，你就會節省大量的時間。」大鯊魚說完，就張開了大嘴。

　　「那太好了。謝謝你，鯊魚先生！」小海馬一邊說一邊鑽進了鯊魚的口裏，向鯊魚的肚子深處歡快地游去……

在一個盛行速度崇拜的時代，有不少管理者把諸多的管理問題歸結為速度的問題，又把速度問題簡化為提速的問題。他們像那條海馬一樣，對「慢」的焦慮成為他們的基本焦慮。「我去尋找屬於我自己的七座金山。只是……我游得太慢了？」於是，他們把企業的發展戰略簡化為「買入」戰略──用金錢來購買速度。

然而，在只有強烈的發財願望而毫無目標管理可言，企業的經營尚處「漫遊狀態」時，快或慢是沒有分別的。因為此時我們找不到一個參照系來判定多快才算快，多慢才算慢。正像我們在海馬故事中看到的，為快而快的發展模式最終可能使企業被「速度之魔」耗盡資源並且歡快地走向滅亡。混亂的戰略、模糊的目標，極可能使企業陷入一種可怕的「商業浪漫主義」之中。作為商業浪漫主義的典型形態，漫遊式經營暗中註定「通向盈利之路」其實是「通向毀滅之路」。

一個人如果沒有明確的目標，沒有「正業」，他就會滋生出很多零碎的愛好和荒誕無稽的「浪漫情懷」。對於一個企業來說同樣如此。在一個市場化程度不高、客戶成熟度低的商業環境中，可能有以浪漫的管理手法獲得成功的企業，可能會有詩人、哲學家式的企業家。然而隨著市場逐漸成熟，客戶的鑑別力和權利意識的增強，此類企業和企業家會逐漸絕跡。

3 迅速行動

🛈 遊戲目的：

增強遊戲參與者在行動中相互合作的意識，讓遊戲參與者在遊戲中提升快速行動的能力。

💲 遊戲人數：20 人

🔢 遊戲時間：45 分鐘

✈ 遊戲場地：排球場或類似有球網的場地

€ 遊戲材料：1. 塑膠袋、舊報紙、雜誌、小紙盒等大量的垃圾；2. 一塊秒錶；3. 一個哨子；4. 三張寫好時間的小紙片。

🎯 遊戲步驟：

1. 把20名學員平均分成2組，每組10人，讓兩個小組分別站到排球網的兩邊。兩邊各設2名裁判。

2. 把所有的垃圾平分給兩個小組，分別放置在各組所在的區域內。

3. 培訓師告訴學員們透過吹哨開始和結束遊戲。遊戲開始後，大家要撿起垃圾向對方的場地投擲。注意，每人一次只能扔一件垃圾，

而且只允許從球網的上面扔垃圾，不可以從球網的下面或側面扔垃圾，裁判員將時刻監督比賽的整個過程，違規者將被罰下場。遊戲結束時，本組手中和場地中垃圾較少的小組獲勝。

4. 告訴學員們，他們將進行3輪比賽，每輪比賽將持續不同的時間，但不能告訴學員每輪比賽將持續多長時間。

5. 為了避免學員對時間有爭議，培訓師可以把時間事先寫在紙上。一輪比賽結束後，培訓師需要向大家展示紙上規定的本輪比賽的持續時間。

6. 讓兩個小組準備好垃圾，各就各位，然後吹哨，開始比賽。

7. 一輪比賽結束後，根據兩方場地中的垃圾裁判勝負。

8. 按照下一張紙片上規定的時間，開始新一輪比賽。

問題討論：

1. 真正的執行落實在行動上，才是硬道理，才會有希望；集中精神，迅速行動，全力以赴，才能確保最後的勝利。

2. 有目標的統一，才會有思想的統一；有思想的統一，才會有行動的統一；有行動的統一，才會有執行的統一。

4 盲目行動的後果

i 遊戲目的：

讓遊戲參與者認識到不能盲目採取行動，使遊戲參與者透過遊戲提高行動能力。

遊戲人數：不限

遊戲時間：25 分鐘

遊戲場地：室內

遊戲材料：白紙、筆和一些小禮物

遊戲步驟：

1. 為每位學員都發一隻筆和一張白紙。

2. 培訓師宣佈出一道計算題，所有的學員都可以在白紙上演算，回答正確結果最快的學員將獲得小禮物作為獎勵。一輛載著10名乘客的公共汽車駛進車站，這時有4人下車，又上來4人；開到下一站上來10人，下去4人；在下一站下去6人，上來1人；在下一站，下去4人，只上來3人；在下一站又下去8人，上來15人。公共汽車還在繼續前進，到了下一站下去6人，上來7人；在下一站下去5人，沒有人上來；在

下一站只上來1人，下去8人。好了，你們現在是否有了結果……那麼請回答這輛公共汽車在此期間究竟停了多少站？

3. 是否有人在培訓師給出問題之前就說出車上現在有多少人？培訓師給出問題後，是否有學員能馬上給出答案？那位學員回答這道題所用的時間最短，他是怎樣做的？

4. 培訓師組織學員進行問題討論。

問題討論：

1. 行動迅速並不代表要盲目行動，管理者必須清楚地瞭解行動的目的，制訂好行動計劃，做好行動準備之後，才能付諸行動。

2. 任何組織的行動都可能會有偏差，管理者需要在行動中加以控制，防微杜漸，避免影響最終的執行效果。

5　如何製作風箏

遊戲目的：
培養團隊的創造性思維，促進團隊的溝通與合作。

遊戲人數：20人

遊戲時間：40分鐘

遊戲場地：教室和空地

 遊戲材料：竹簽、彩紙、細線、漿糊、膠帶

遊戲步驟：

一、遊戲規則

1. 將學員分為五人一組。

2. 將竹簽、彩紙、細線、漿糊和膠帶等用具發給各小組。

3. 要求各組用所給用具在30分鐘內製作一個風箏。

4. 到室外一塊空地上去放飛，看那個小組的風箏飛得最高。

二、注意事項

1. 風箏的尺寸、大小不限。

2. 風箏的造型越奇特越好。

問題討論：

1. 你們以前製作過風箏嗎？如果都沒有的話，你們在遊戲中是怎樣制訂計劃的？

2. 在小組討論中，大家發表了那些富有創造力的意見和建議？

3. 在團隊中，應該如何透過溝通和合作來完成任務？如何來提高團隊的競爭力？

4. 團隊領導者的類型：

指揮型	熱情高漲的初學者	低支持，低指導	單向溝通，主管決定
教練型	憧憬幻滅的學習者	高支持，高指導	雙向溝通，主管決定
支持型	懷才不露的執行者	高支持，低指導	雙向溝通，員工決定
授權型	獨立自主的完成者	低支持，低指導	單向溝通，員工決定

6 用輪胎做足球

i 遊戲目的：

培養學員的競爭意識，培養學員的團隊精神。

遊戲人數：30人

遊戲時間：40分鐘

遊戲場地：足球場

遊戲材料：不同顏色的足球隊服各15件；充足氣的汽車內胎兩個；哨子1個

遊戲步驟：

1. 將學員分為兩組，將隊服和內胎分發給兩組學員。

2. 培訓師吹響開始的哨聲後，兩個小組同時從中場推動內胎，他們的任務是爭取將自己小組的內胎推進對方的球門，而不能讓對方小組的內胎進入自家的球門。

3. 在遊戲中只能用腿和腳來推動內胎前進，任何用手輔助的行為都是犯規的。

4. 學員在遊戲中不能用手拉扯對方。防守的學員不能將腳伸入內胎的中間，否則將被判犯規。

5. 被判犯規的學員要被罰下場30秒。

6. 比賽分為上下半場，每個半場用時15分鐘。

7. 每將內胎推進對方球門一次，計一分。終場後得分最多的小組獲勝。

 問題討論：

1. 你在遊戲中充當了什麼角色？

2. 你們小組有無領導者？他是怎樣產生的？

3. 你們佈置了那些戰術？這些戰術在遊戲中切實有效嗎？

4. 團隊領導的法則：

團隊領導不應該	團隊領導應該
·領導多於指導	·瞭解自身職責
·權力大於權威	·保證公平公正
·集權多於授權	·敢於充分授權
·懲罰多於獎勵	·勇於無私奉獻
·命令多於啟發	·期望積極結果
·任務多於支持	·關心呵護下屬
·任命多於晉升	·團隊高於自我
·只顧個體利益	·能夠率先垂範

7 搶灘登陸

遊戲目的：

改進團隊的工作效率，提高團隊的計劃執行能力。

遊戲人數：16 人

遊戲時間：90 分鐘

遊戲場地：有河流的地方

遊戲材料：長竹竿；繩子；每組兩把砍刀；救生衣 16 套

遊戲步驟：

1. 設計一條橫渡河流的遊戲路線，設定起點和終點。

2. 將學員分為8人一組，將所有用具、材料分發給各小組。

3. 各小組利用所分到的用具製作一個能夠承載本小組全體成員的竹筏。

4. 竹筏制好後，在起點位置下水，然後小組利用竹筏以最快的速度到達終點。

5. 遊戲過程中，只可以透過潑水來阻擋對方前進，不能故意碰撞對方的竹筏。

6. 安全是第一位的，每個人都必須身穿救生衣。

7. 最先到達終點的小組獲勝。

問題討論：

1. 在整個遊戲進行的過程中，你對什麼印象最深刻？

2. 在遊戲過程中，你們小組是否分配了各自的任務？為什麼想到（或沒想到）這種方式？

3. 在遊戲進行的過程中，你們團隊有什麼不足？你認為應該如何改進？

4. 提高團隊競爭力應注意的四個方面：

⑴**明確目標，齊心協力**

團隊成員之間難免會產生各種分歧，這就需要團隊明確一個合理的目標，團隊成員齊心協力，心往一處想，勁兒往一處使，共同朝著這個目標邁進。

⑵**明確職責，分工協作**

團隊內部如果沒有合理的分工，就容易出現因責任不明而相互推諉的現象。因此，團隊內部必須將工作細化到每個人，明確各自的職責，使團隊內部形成既有分工又有協作的局面。

⑶**建立流程，減少中間環節**

工作流程的中間環節越多，團隊工作就會越複雜，從而嚴重影響工作效率。因此團隊內部須建立簡單化的流程，減少中間環節，為團隊工作建立有效的信息管道、溝通管道和銜接管道。

⑷**完善激勵制度，做到分段考評**

團隊內部必須完善激勵制度，分階段考評團隊的整體績效和團隊成員的工作績效。因此建立階段考評制度是非常必要的，依據相關標

準對團隊績效進行評定，從而充分激發團隊成員的積極性，不斷提升團隊競爭力。

培訓小故事

◎給糖哲學

自從公司多年前成立，就駿業宏發、蒸蒸日上，今年的贏餘竟大幅滑落。這絕不能怪員工，因為大家為公司拼命的情況，絲毫不比往年差，甚至可以說，由於人人意識到經濟的不景氣，幹得比以前更賣力。

這也就愈發加重了董事長心頭的負擔，因為馬上要過年，照往例，年終獎金最少加發兩個月，多的時候，甚至再加倍。今年可慘了，算來算去，頂多只能給一個月的獎金。「讓多年來被慣壞了的員工知道，士氣真不知要怎樣滑落！」董事長憂心地對總經理說：「許多員工都以為最少加兩個月，恐怕飛機票、新傢俱都定好了，只等拿獎金就出去度假或付賬單呢！」

總經理也愁眉苦臉了：「好像給孩子糖吃，每次都抓一大把，現在突然改成兩顆，小孩一定會吵。」

「對了！」董事長突然觸動靈機：「你倒使我想起小時候到店裏買糖，總喜歡找同一個店員，因為別的店員都先抓一大把，拿去秤，再一顆一顆往回扣。那個比較可愛的店員，則每次都抓不足重量，然後一顆一顆往上加。說實在話最後拿到的糖沒什麼差異。但我就是喜歡後者。」

沒過兩天，公司突然傳來小道消息——

「由於營業不佳，年底要裁員，尾牙的雞頭，只怕一桌一隻都不夠。」

頓時人心惶惶了。每個人都在猜，會不會是自己。最基層的員工想：「一定由下面殺起。」上面的主管則想：「我的薪水最高，只怕從我開刀！」

但是，跟著總經理就做了宣佈：「公司雖然艱苦，但大家在同一條船上，再怎麼危險，也不願犧牲共患難的同事，只是年終獎金，絕不可能發了。」

聽說不裁員，人人都放下心頭上的一塊大石頭，那不致捲舖蓋的竊喜，早壓過了沒有年終獎金的失落。

眼看除夕將至，人人都做了過個窮年的打算，彼此約好拜年不送禮，以共度艱難。

突然，董事長召集各單位主管緊急會議。看主管們匆匆上樓，員工們面面相覷，心裏都有點兒七上八下：「難道又變了卦？」

沒幾分鐘，主管們紛紛衝進自己的單位，興奮地高喊著：「有了！有了！還是有年終獎金，整整一個月，馬上發下來，讓大家過個好年！」

整個公司大樓，爆發出一片歡呼，連坐在頂樓的董事長，都感覺到了地板的震動……

面對難題，抓住關鍵，如果處理得巧妙，往往會收到意想不到的效果。

8 水球競賽

遊戲目的：
增強學員的競爭意識，提高學員的團隊合作能力。

遊戲人數： 16 人

遊戲時間： 40 分鐘

遊戲場地： 游泳池

遊戲材料： 水球 1 個；水球網兩張；兩種顏色的救生圈各 8 個；哨子

遊戲步驟：

1. 將學員分成8人一組，給學員發救生圈，學員下水。

2. 任何學員下水時都必須戴上救生圈。

3. 遊戲分上、下半場，各用時十分鐘，中場休息三分鐘。

4. 隊員持球時間不能超過八秒鐘，學員可以用水進行相互干擾。

5. 將球攻入對方球門得一分，然後由失分小組發球。比賽結束時，得分多者獲勝。

6. 培訓師擔任裁判，吹兩聲哨代表開始和結束，吹一聲哨代表犯

規。若進攻方球員犯規，則交換發球權。

 問題討論：

　　1. 你們小組贏得（或輸了）比賽的原因是什麼？

　　2. 你認為應如何在實際工作中提高團隊競爭力？

　　3. 螞蟻團隊的智慧：

　　從小小的螞蟻身上，我們可以學到團隊競爭所需要的全部智慧，如合作、分工、策略、溝通和危機意識等。

　　⑴螞蟻分工明確，能夠通力合作。它們一起勞動，一起分享食物。蟻后和雄蟻專門負責繁衍後代，工蟻則擔負起建造和擴大巢穴、採集食物、伺餵幼蟻及蟻后等重任，驍勇善戰的兵蟻負責守衛家園。整個螞蟻團隊分工明確，各司其職。

　　⑵螞蟻之間能夠做到有效溝通。它們從不蠻幹，能用最簡單的行動傳遞最豐富的信息。發現食物後，它們會馬上透過身體發出的信息素來進行溝通，合力把食物搬回去。

　　⑶螞蟻具有一定的危機意識。它們懂得在夏天的時候為冬天儲備食物。防患於未然是每個團隊都應做到的，而不是到了緊要關頭才後悔當初沒有好好準備。

9 臉部運動

遊戲目的：
讓學員在輕鬆的氣氛中展開競爭，活躍團隊氣氛。

遊戲人數： 20 人

遊戲時間： 15 分鐘

遊戲場地： 不限

遊戲材料： 1 元錢硬幣若干；地毯

遊戲步驟：

1. 讓全體學員圍成一個圓圈，圓圈內鋪上地毯。
2. 請幾位學員擔任志願者，平躺在地毯上，保持靜止。
3. 在每名志願者的鼻子上放一枚硬幣，讓其透過臉部動作把硬幣弄下來（頭要保持不動）。
4. 輪流進行遊戲，保證所有學員都能參與其中，培訓師用照相機拍下他們在遊戲過程中的表情，留下快樂瞬間。

問題討論：

　　1. 你是否在遊戲中感受到了輕鬆和愉悅？你認為應如何在工作中使自己保持愉悅的心情？

　　2. 你認為應如何在團隊中建立一種快樂競爭的氣氛？

　　3. 和諧的團隊氣氛的三種表現：

⑴「家」的氣氛

　　團隊對於每個團隊成員來說就是一個大家庭，只有充分發揮團隊的力量才能取得良好的績效。作為團隊領導者，只有營造出成員之間相互理解和信任的家的氣氛，才能讓團隊成員有歸宿感，從而激發團隊成員的熱情和潛能，使他們願意為團隊的成功努力拼搏。

⑵學習的氣氛

　　在團隊中，每個人都有自己的優點。作為團隊領導者，要鼓勵成員之間互相學習、認可和激勵。在這種氣氛中，每個人都能獲得成長和提升，感受到自己在團隊中的價值。

⑶競爭的氣氛

　　團隊領導者要建立內部競爭機制，平等對待每位團隊成員。

培訓小故事

◎表演大師

　　有一位表演大師上場前，他的弟子告訴他鞋帶鬆了。大師點頭致謝，蹲下來仔細繫好。等到弟子轉身後，又蹲下來將鞋帶解鬆。有個旁觀者看到了這一切，不解地問：「大師，您為什麼又要將鞋帶解鬆呢？」

　　大師回答道：「因為我飾演的是一位勞累的旅者，長途跋涉讓他的鞋帶鬆開，可以透過這個細節表現他的勞累憔悴。」

　　「那你為什麼不直接告訴你的弟子呢？」

　　「他能細心地發現我的鞋帶鬆了，並且熱心地告訴我，我一定要保護他這種熱情的積極性，及時地給他鼓勵，至於為什麼要將鞋帶解開，將來會有更多的機會教他表演，可以下一次再說啊。」

　　公司新進來的員工，通常都是滿腔熱血，他們時常會針對公司的部份情況提出各種各樣的意見，他們的初衷是好的，但是由於缺乏經驗，或者認識不夠，從而看法難免偏頗。作為公司的領導者，即使你知道你的員工好心提出的意見是錯誤的，但最好不要直接指出來，而應該謙虛地接受並感謝他，以後再尋找機會婉轉地讓他明白真相。如果你說話的態度和方法讓對方生氣，對方就會和你對立，拒絕接受你所說的事實。如果新員工的積極性受到挫傷，以後他再也不敢提出意見，沒有了創新和膽量，以後怎麼在公司發展呀？

　　優秀的管理人，是不會扼殺新員工於搖籃的。在員工犯錯的情況下，一味的責怪是不可取的，每個人都是需要鼓勵的，有鼓勵才能產生動力。希望管理者都能以一顆寬容，善解人意的心來對待他的員工。

　　對待年輕人，除了必要的教育和引導外，寬容和仁慈的愛心也是令他們走上人生成功之路的輔助之一。

10 追捕的遊戲

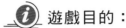 **遊戲目的：**

培養學員的團隊競爭能力，提高學員的團隊合作與溝通能力。

遊戲人數： 40 人以上

遊戲時間： 30 分鐘

遊戲場地： 空地或操場

遊戲材料： 無

遊戲步驟：

1. 在場地內畫一個長30米、寬15米的矩形作為遊戲區域。

2. 培訓師從學員中選擇三名學員擔任「捕頭」。

3.「捕頭」的任務是努力捉住其他學員，其他學員則要避免被「捕頭」捉住。

4. 其他學員一旦被「捕頭」捉住，就立刻變成了新的「捕頭」，和抓住他的「捕頭」手拉手一起去抓人，當抓住了第三個人後，第三個人也就變成了「捕頭」，然後三人手拉手再去抓人，依此類推。所有「捕頭」們的目標就是不斷壯大他們的隊伍。

5. 遊戲時間為 20 分鐘，最後人數最多的「捕頭」隊伍獲勝。

問題討論：

1. 你如何理解團隊的力量和作用？
2. 你認為應該如何與新的團隊成員進行配合？
3. 貫徹團隊理念的方法：
⑴向沒有完全理解團隊文化和價值觀的成員傳播團隊理念。
⑵讓理解團隊理念的成員去行動。
⑶讓理解團隊理念並正在行動的人繼續努力。
⑷讓理解團隊理念並努力行動的成員把行動變成一種習慣。

11 拔河比賽

遊戲目的：
培養團隊成員的競爭意識，提高學員的團隊競爭能力。

遊戲人數：6 人

遊戲時間：10 分鐘

遊戲場地：不限

遊戲材料：坐墊 6 個；3 根繩子組成的繩結

 **遊戲步驟**：

1. 6 人坐在坐墊上，圍成一個圓圈。
2. 讓學員各執繩結的一端，做好拔河比賽的準備。
3. 聽到培訓師喊「開始」後，學員用力拉繩，離開坐墊或放開繩子的學員將被淘汰，最後留下的學員獲勝。

問題討論：

1. 最後取得比賽勝利的是最有力氣的學員嗎？你是否會在遊戲中借力使力？
2. 你如何認識團隊內部的競爭？
3. 透過這個遊戲，你認為怎樣才能在競爭中取得勝利？
4. 天敵與共生：

在亞熱帶，有一個由三種動物組成的非常有意思的生物鏈：毒蛇、青蛙和蜈蚣。毒蛇的主要食物是青蛙，青蛙以有毒的蜈蚣為美食，蜈蚣能夠使比自己體形大得多的毒蛇斃命，一般的毒蛇對它都無可奈何。

有趣的是在冬季，捕蛇者在一個洞穴中發現三個冤家相安無事地同處一室。原來，它們經過世代的衍變，不僅掌握了捕食弱者的本領，也學會了利用自己的剋星保護自己的本領。如果毒蛇吃掉青蛙，自己就被蜈蚣所殺；蜈蚣殺死毒蛇，自己就會被青蛙吃掉；青蛙吃掉蜈蚣，自己就成為了毒蛇的盤中餐。

這樣一來，為了生存，三者和平相處，相克又相生，形成了一個奇妙的平衡局面。

12 學袋鼠跳

遊戲目的：
增進學員的團隊榮譽感，讓學員在遊戲中感受競爭。

遊戲人數： 20 人

遊戲時間： 25 分鐘

遊戲場地： 空地或操場

遊戲材料： 麻袋 5 個；秒錶

遊戲步驟：

1. 在場地上畫兩條相距20米的線，作為遊戲的起點和終點。
2. 將學員分為四人一組，給每個小組發一個麻袋。
3. 學員將自己的腰部以下套入麻袋，雙手抓住麻袋的邊，雙腳略微分開，跳躍前進。
4. 此遊戲為接力賽，每名學員都要從起點出發，到達終點，再返

回起點，將麻袋交給小組的同伴，同伴也要重覆上面的行動。

5. 培訓師喊「計時開始」後，小組的第一名學員才能套上麻袋。

6. 當最後一名學員回到起點後，遊戲結束，用時最短的小組獲勝。

問題討論：

1. 在遊戲中你是否感受到了同伴的鼓勵？

2. 你認為團隊的榮譽意味著什麼？

3. 你怎樣認識個人實力和整體實力之間的關係？

4. 企業員工語錄：

· 優秀的團隊並非全是由優秀的個人組成，但優秀的團隊一定能塑造出優秀的個人。

· 單靠個人無法完成任務，但一個沒有組織性的團隊也不能圓滿完成任務。只有團隊成員之間默契配合、相互支持，團隊才能成功。

培訓小故事

◎士為「讚賞」者死

韓國某大型公司的一個清潔工，本來是一個最被人忽視，最被人看不起的角色，但就是這樣一個人，卻在一天晚上公司保險箱被竊時，與小偷進行了殊死搏鬥。

事後，有人為他請功並問他的動機時，答案卻出人意料。他說：當公司的總經理從他身旁經過時，總會不時地讚美他「你掃的地真乾淨」。你看，就這麼一句簡簡單單的話，就使這個員工受到了感動。

這也正合了一句老話「士為知己者死」。

美國著名女企業家瑪麗‧凱經理曾說過：「世界上有兩件東西比金錢更為人們所需，那就是認可與讚美。」

金錢在激發下屬們的積極性方面不是萬能的，而讚美卻恰好可以彌補它的不足。因為生活中的每一個人，都有較強的自尊心和榮譽感。你對他們真誠的表揚與贊同，就是對他們價值的最好承認和重視。而能真誠讚美下屬的領導者，能使員工們的心靈需求得到滿足，並能激發他們潛在的才能。打動人最好的方式就是真誠的欣賞和善意的贊許。

13 趣味拔河

i **遊戲目的：**

培養學員的競爭意識，讓學員充分體會團隊內部的競爭。

遊戲人數：30 人

遊戲時間：20 分鐘

遊戲場地：空地或操場

遊戲材料：長繩子 1 根；哨子 1 個

遊戲步驟：

1. 將長繩拉直後放在地上。

2. 讓學員兩兩搭檔，每對搭檔背對背站在長繩的兩邊。

3. 每對搭檔俯身半蹲，胳膊穿過兩腿之間，和對方雙手相互扣住，確保繩子在他們正中間。

4. 聽到哨聲後，學員要努力將搭檔拉過長繩。

5. 獲得勝利的隊員再次兩兩搭檔，重新比賽，直到產生總冠軍為止。

問題討論：

1. 從這個遊戲中，你得到了那些啟示？

2. 你認為如何才能讓自己在團隊中出類拔萃？

競爭帶來壓力，壓力產生動力，動力激發潛力。團隊領導者要善於營造團隊內部相互競爭的氣氛，促使團隊成員在競爭的壓力下充分發揮潛能。

3. 美國鋼鐵大王安德魯·卡耐基聘請查理·斯瓦伯為該公司的第一任總裁。上任不久，他發現本公司的一家鋼鐵廠產量落後是由於工人懶散、工作不積極造成的。

於是，在一次日班快下班的時候，斯瓦伯拿了一隻粉筆來到生產工廠，問日班的領班：「你們今天煉了幾噸鋼？」

領班回答：「6 噸。」

斯瓦伯用粉筆在地上寫了一個很大的「6」字，默不作聲地離開了。

　　夜班工人接班後，看到地上的「6」字，好奇地問是什麼意思。日班工人說：「總裁今天來過了，問我們今天煉了幾噸鋼，他聽領班說 6 噸，便在地上寫了一個 6。」

　　次日早上，斯瓦伯又來到生產工廠，他看到昨天地上的「6」字已經被夜班工人改成「7」字了。

　　日班工人看到地上的「7」字，內心很不是滋味，他們決心超過夜班工人，大夥兒加倍努力，結果那一天煉出了 10 噸鋼。

　　在日、夜班工人不斷地競爭之下，這家工廠的生產情況逐漸改善。不久之後，其產量竟然躍居公司所有鋼鐵廠之首。

14 快速報數

遊戲目的：

增強學員的競爭意識，讓學員瞭解在競爭中如何合作。

遊戲人數： 40 人以上

遊戲時間： 15 分鐘

遊戲場地： 教室

遊戲材料： 秒錶

遊戲步驟：

1. 將學員分為人數相等的兩個小組。
2. 培訓師宣佈兩組將進行一場報數比賽，速度最快者獲勝。
3. 給兩組人兩分鐘的練習時間，然後進行五輪比賽（每輪比賽後要留出一分鐘的休息時間）。

問題討論：

1. 你們小組在遊戲中是否形成了默契？
2. 在遊戲中，你們的報數速度是不是越來越快？
3. 在團隊中應如何與你的夥伴形成默契？
4. 建立團隊精神：

⑴一個沒有團隊精神的人很難成為真正的領導者，一個沒有團隊精神的隊伍是經不起考驗的。

⑵團隊精神是優秀團隊的靈魂、成功團隊的特質。

⑶企業要想實現永續經營的目標，取得未來競爭的優勢，必須具備一種強大的、獨特的企業文化。在這種文化下建立的團隊精神，對企業的經營和發展有著深遠的影響。

⑷團隊精神的建立決定於團隊領導者的各種特質。團隊領導者的為人、敬業程度、氣勢、能力和投入程度都深刻影響著團隊的精神。

⑸只要看團隊成員的表現，就能瞭解這個團隊的性格。團隊領導者透過教育、激勵、訓練等方式將團隊的精神、理念傳達給團隊中的每一個成員，使其瞭解、熟悉並熱愛自己的團隊，以團隊為榮，自覺維護團隊的利益。

培訓小故事

◎五指辯論

有一天，五根手指聚在一起，討論誰是真正的老大。

大拇指驕傲地率先發言，說：「五根手指中，我排第一而且最粗大，人們在稱讚最好或是表現傑出的時候，都是豎起拇指，所以老大非我莫屬。」

食指不以為然，急著辯解：「我才是老大，要知道夾菜時，沒有我支撐著，根本夾不了菜，而且食指大動，才能大快朵頤，另外，人類在指示方向時，必須靠我。」

中指不屑地說：「五指中我最修長，有如鶴立雞群，而且我居最中間的位置，大家眾星捧月，這不就是老大的證明嗎？」

無名指不甘示弱，理直氣壯主張：「三位也未免太自大了，世上最珍貴的珠寶，只有套在我身上，才能相得益彰，因此，我才配稱老大。」

小指在一旁，只是靜默不語，四指訝異地一起問道：「喂，你怎麼不談談你的看法，難道不想當老大？」

「各位都有顯赫的地位，我人微言輕，只是當人類在合十禮拜或打躬作揖時，我是最靠近真理與對方。」

竹子長得愈高就愈彎，稻子結穗愈多就愈重。內斂以養望，吹噓自暴短。有所長必有所短。

15 臨空運球

i **遊戲目的：**

　　培養學員的協作能力，讓學員體會競賽中的樂趣。

遊戲人數：12 人

遊戲時間：20 分鐘

遊戲場地：不限

遊戲材料：每組一大疊報紙、200 個乒乓球、兩個容器

遊戲步驟：

　　1. 將學員分為6人一組，將用具分發給各小組。

　　2. 各小組將兩個容器分別放在間隔5米的兩個地方，然後將200個乒乓球全部放在一個容器裏。

　　3. 各小組的任務就是在最短的時間內將乒乓球從目前所在的容器裏轉移到5米外的空容器裏，在轉移的過程中只能借助報紙。

　　4. 每組安排一名學員負責往工具(用報紙做成)裏裝球，其他學員負責運球，在運送的過程中，負責運球的學員不能用手接觸乒乓球(如果有球掉落，由負責裝球的學員撿回)。

5. 在最短時間內將球全部運完的小組獲勝。

 問題討論：

1. 在遊戲過程中，你們小組是如何制訂計劃的？
2. 具體執行是否和計劃有些出入，主要體現在那些方面？
3. 你認為在與其他團隊的競爭中，什麼才是取勝的法寶？
4. 合作與競爭：

⑴一個團隊既不能缺少團隊意識，也不能缺少競爭意識。沒有競爭意識的團隊就像沒有波瀾的死水一樣，會喪失活力。

⑵企業可以在競爭中培養員工的團隊意識。

⑶團隊領導者在處理成員之間的合作與競爭關係時，一定要強調合作高於競爭。從總體上說，團隊通向成功的途徑是內部合作，而不是內部競爭。

16 穿上紙衣賽跑

 遊戲目的：
讓學員在遊戲中增進感情，鼓勵學員互相合作完成任務。

 遊戲人數： 20 人

 遊戲時間： 30 分鐘

遊戲場地：空地

 遊戲材料：對開報紙 6 張、膠帶若干、剪刀兩把

 遊戲步驟：

1. 將學員分為10人一組，把用具分發給各小組。

2. 讓各組用所發的報紙製成一件圓柱體的「衣服」，在製作「衣服」時，學員不能將報紙撕破。這件「衣服」至少能裝下兩個人。

3. 讓各小組展示他們設計的「衣服」，並讓他們穿上「衣服」賽跑。

4. 培訓師設定比賽的起點和終點，各組學員在比賽開始前要全部站在起點位置。

5. 各組學員必須穿上自己設計的「衣服」到達終點（當設計的「衣服」裝不下所有學員時，培訓師可以提醒他們分批過去）。

6. 在遊戲進行的過程中，一旦有學員在途中將「衣服」撕破，必須立即返回起點，用膠帶修補好「衣服」後，重新開始比賽。

7. 最先將學員全部運送過去的小組獲勝。

 問題討論：

1. 在遊戲過程中，你是否有與團隊同舟共濟的感覺？

2. 你認為如何才能透過精誠合作完成某項任務？

3. 團隊激勵的八種方式：

⑴願景激勵：為成員規劃職業生涯和晉升通道。

(2)目標激勵：設定團隊和個人目標，兩者必須方向一致。

(3)任務激勵：說明任務的難點，提出明確的挑戰。

(4)榜樣激勵：捧「星」→追「星」→成「星」。

(5)榮譽激勵：讓團隊成員為了團隊或個人的榮譽而努力。

(6)物質激勵：利用獎品、獎金等物質來激勵。

(7)組織激勵：讓團隊成員共用信息、參與決策。

(8)環境激勵：建立內部競爭機制，開展成員競賽。

培訓小故事

◎廟裏三和尚

三個和尚在破落的廟宇裏相遇。

「這個廟為什麼一片荒廢淒涼呢？」甲和尚觸景隨口提出這個問題。

「一定是和尚不虔誠，所以諸神不靈。」乙和尚說。

「一定是和尚不勤勞，所以廟產不修。」丙和尚說。

「一定是和尚不敬謹，所以信徒不多。」甲和尚說。

三人你一言我一語，最後決定留下來各盡所能，看看能不能夠成功地拯救此廟。於是甲和尚恭謹化緣招呼，乙和尚誦經禮佛，丙和尚殷勤打掃。果然香火漸盛，朝拜的信徒絡繹而來，而原來的廟宇也再度恢復了鼎盛興旺的舊觀。

「都是因為我四處化緣，所以信徒大增。」甲和尚說。

「都是因為我虛心禮佛，所以菩薩才顯靈。」乙和尚說。

「都是因為我勤加整理，所以廟產煥然一新。」丙和尚說。

三人為此日夜爭執不休，廟裏的盛況又逐漸一落千丈。分道揚鑣的那一天，他們總算得出一致的結論：這廟之所以荒廢，既

非和尚不虔誠，也不是和尚不勤勞，更非和尚不敬謹，而是和尚不和睦。

團隊精神的最具破壞力的一點是把功勞歸為自己所有。一定要知道人和萬事興。

17 水氣球大戰

i 遊戲目的：

讓學員享受遊戲的樂趣，培養學員的合作默契。

遊戲人數：12 人

遊戲時間：20 分鐘

遊戲場地：室外空地

遊戲材料：氣球；水

遊戲步驟：

1. 給每個氣球裝一小部份水，將口繫好。

2. 將所有學員分為兩人一組，給每個小組發一個水球，並讓他們相距兩米，面對面站立。

3. 小組中的一個成員將水球扔給另一個成員，該學員接住水球後再將球扔回。在擲水球的過程中要保證水球不破裂。

4. 如果兩人配合默契，其中一人可以後退一步來增加遊戲的難度。

 問題討論：

1. 隨著你和搭檔之間的距離越來越遠，你們之間的合作是否更加默契？

2. 你是如何享受遊戲樂趣的？

3. 在工作中，如何才能讓自己和搭檔的配合天衣無縫？

4. 團隊的構成條件：

(1)團隊成員具有共同的價值觀。

(2)具備有效溝通和互動的環境。

(3)團隊成員瞭解團隊的共同目標。

(4)有嚴格的規章制度。

(5)團隊內部實現信息和資源分享。

(6)團隊成員有團隊歸屬感。

(7)團隊成員在各種領域具有特殊專才。

18 沿軌跡前進的氣球

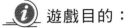 **遊戲目的：**

　　培養學員的團隊精神，提高團隊的整體競爭力。

遊戲人數： 10 人

遊戲時間： 40 分鐘

遊戲場地： 一條設有障礙的路線

遊戲材料： 氣球若干；哨子；秒錶

遊戲步驟：

　　1. 培訓師設計一條有障礙的路線，如路線可經過台階、水坑、椅子、桌子等。

　　2. 將學員分為兩人一組，為每組發兩個氣球。

　　3. 首先學員要將一個氣球吹起來，吹到氣球容積的70%即可，另一個氣球裝起來作為備用。

　　4. 每組的任務是帶著充氣的氣球沿著預定的路線前進。

　　5. 如果氣球在中途破裂，學員應停止行動，只有將備用氣球充好氣後才能繼續前進。

6. 要求氣球與學員的身體接觸不得超過三秒鐘。

7. 各小組可以依次進行也可以同時進行，視實際情況而定。

8. 培訓師為各小組計時，用時最短的小組獲勝。

問題討論：

1. 你和搭檔的配合默契嗎？你們能否進行有效溝通？

2. 在團隊中，如何才能讓團隊成員合作得更加緊密，從而提高團隊的整體競爭力？

19 A 型行動計劃

遊戲目的：

激發學員的團隊精神，讓學員體會團隊合作的意義。

遊戲人數：14 人

遊戲時間：45 分鐘

遊戲場地：空地

遊戲材料：3.5 米長木棍 4 根，1.5 米長木棍 2 根，5 米長繩 12 根，2 米短繩 6 根

遊戲步驟：

1. 將學員平均分為兩組，將所有木棍、繩子等用具平均分給兩組。

2. 木材的邊緣要圓滑，不要棱角分明；木材要足夠結實，能承受一個人的重量。

3. 培訓師在場地上畫兩條相距 30 米的平行線分別作為遊戲的起點和終點。

4. 讓每組學員利用現有用具，搭建一個A字框架（見附件），框架要足夠牢固。學員把A字框架豎立起來，並讓一個人站到橫樑上，把6根繩子綁在A字框架的頂端，其他小組成員拉緊繩子保持框架平衡。

5. 除了那個站在橫樑上的學員以外，其他學員均不能接觸框架。

6. 小組學員要集體努力將框架及上面的學員從起點移動到終點，並且在移動的過程中，框架至少有一點要接觸地面。

7. 最快到達終點的小組為獲勝組。

8. 行動計劃：

行動計劃是團隊合作解決問題的工具之一。團隊領導者要遵循下面三條規則，透過制訂行動計劃表來實施行動。

⑴除非獲得團隊成員的同意，否則不要強迫他們接受某項任務。

⑵要準確描述行動計劃，使用常見的、易於理解的專業術語。

⑶團隊成員必須就準備去做的每一項行動達成一致。

行動計劃表

總體目標：

行動名稱	負責人	預計完成時間	需要團隊提供那些資源和支援

附件　A 字框架圖示

20 青蛙跳

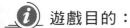 遊戲目的：

讓學員在遊戲中體會協作，培養團隊成員的競爭意識。

遊戲人數：12 人

遊戲時間：20 分鐘

遊戲場地：空地或操場

 遊戲材料：氣球若干

遊戲步驟：

一、遊戲準備

1. 培訓師將3個氣球充氣到其容積的70%左右。

2. 培訓師在場地中相距20米的地方各畫兩條線。

3. 將所有學員均分為三組，給每組發一個充好氣的氣球，讓每組學員兩兩分站在兩條線外。

二、注意事項

1. 學員只有聽到培訓師的哨聲後才能行動。

2. 讓一位學員將氣球放在膝蓋之間，像青蛙一樣跳躍到另一條線處，傳給隊友，在跳躍時不能用手接觸氣球。如果氣球掉落，要拿起來重新到原掉落地夾好後再開始跳躍。

3. 當四人傳遞完畢，最先到達原來的起始線，並將氣球擠破的小組獲勝。

問題討論：

1. 其他隊友在比賽時，你是否一直為他們加油助威？

2. 你如何認識團隊內部的相互激勵？

3. 怎樣才能讓團隊更有凝聚力和競爭力？

4. 團隊管理的「五星級標準」：

★一星級：團隊領導者在場，成員就會好好工作。

★★二星級：團隊領導者不在場，成員也會好好工作。

★★★三星級：團隊領導者制訂計劃，成員按照計劃工作。

★★★★四星級：團隊領導者制定目標，成員制訂計劃開展工作。

★★★★★五星級：團隊領導者制定方向，成員組成團隊開展工作。

培訓小故事

◎且慢下手

大多數的同仁都很興奮，因為單位裏調來了一位新主管，據說是個能人，專門被派來整頓業務。可是，日子一天天過去，新主管卻毫無作為，每天彬彬有禮進辦公室，便躲在裏面難得出門，那些緊張得要死的壞分子，現在反而更猖獗了。

說他那裏是個能人，根本就是個老好人，比以前的主管更容易唬。

四個月過去了，新主管卻發威了，壞分子一律開除，能者則獲得提升。下手之快，斷事之準，與四個月中表現保守的他，簡直像換了一個人。年終聚餐時，新主管在酒後致辭：相信大家對我新上任後的表現和後來的大刀闊斧，一定感到不解。現在聽我說個故事，各位就明白了。

有位朋友，買了棟帶著大院的房子，他一搬進去，就對院子全面整頓，雜草雜樹一律清除，改種自己新買的花卉。第二天，原先的房主回訪，進門大吃一驚地問，那株名貴的牡丹那裏去了。我這位朋友才發現，他居然把牡丹當草給割了。後來他又買了一棟房子，雖然院子很雜亂，他卻按兵不動，果然冬天以為是雜樹

的植物，春天裏開了繁花；春天以為是野草的，夏天卻是錦簇；半年都沒有動靜的小樹，秋天居然紅了葉。直到暮秋，他才認清那些是無用的植物而大力剷除，並使所有珍貴的草木得以保存。

　　說到這兒，主管舉起杯來，「讓我敬在座的每一位！如果這個辦公室是個花園，你們就是其間的珍木，珍木不可能一年到頭開花結果，只有經過長期的觀察才認得出啊。」

　　俗話說「路遙知馬力，日久見人心。」管理更是這樣，只有進行長期的觀察分析，才能對企業中的問題有客觀的分析，才能採取切實可行的措施。

21 報紙擊球

⒤ 遊戲目的：

提高團隊的整體競爭力，培養學員的團隊意識。

⑤ 遊戲人數：10 人

⑥ 遊戲時間：40 分鐘

⊕ 遊戲場地：空地

€ 遊戲材料：兩種不同顏色的袖標各 5 個；10 張報紙；充好氣的氣球 2 個；哨子 1 個

遊戲步驟：

1. 把學員均分為兩組，培訓師分發袖標和報紙，保證兩組學員分到的是不同顏色的袖標。

2. 遊戲場地是一個40米×20米的長方形空地，培訓師在其中間畫了一條線將其分為兩個正方形，對方半場的20米短邊作為自己小組的得分線。

3. 兩個小組派出代表透過猜硬幣的方式來決定自己的進攻方向。

4. 學員的任務是用報紙捲成一個紙筒來擊打或推動氣球透過得分線，比賽分兩個半場進行，每個半場用時十分鐘，中間休息五分鐘。

5. 場上會同時出現兩個氣球，無論那個小組，只要成功將一個氣球推過自己的得分線都將獲得一分，並由失分的小組到中場重新開球。

6. 培訓師擔任比賽的裁判，監督比賽的進程，最後得分最多的小組獲勝。

 問題討論：

1. 你們是如何佈置戰術的？在場上是如何運用戰術的？

2. 你認為自己小組在遊戲中的溝通和合作程度如何？為什麼你會這麼認為？

3. 你如何理解合作對於團隊整體競爭力的作用？

4. 團隊目標的概念和意義：

團隊目標通常是一個簡短的目標陳述，說明團隊的特殊任務和職責、要解決的問題等。

制定團隊目標的意義如下。

⑴賦予團隊成員工作的意義，激發其工作熱情。

⑵促進團隊發揮創造性和潛能。

⑶建立團隊信任與合作。

⑷有助於制訂計劃，安排輕重緩急。

⑸注重工作結果，有助於評估進展。

22 蜈蚣賽跑

遊戲目的：

活躍團隊氣氛，讓新學員儘快相互熟識，提高團隊的合作能力和競爭力。

遊戲人數： 20 人

遊戲時間： 20 分鐘

遊戲場地： 沙灘

遊戲材料： 無

遊戲步驟：

1. 將學員分為五人一組。

2. 在沙灘上畫出相距 20 米的起點線和終點線，讓學員坐成縱隊，為首的學員坐在起點處，後一個學員抱住前一個學員的腰，組成蜈蚣的形狀。

3. 相互陌生的學員在抱腰時可能會有點不好意思，培訓師應指導學員克服心理障礙，消除其內心的顧慮和緊張情緒。

4. 各組學員利用自己的雙腳和臀部向前移動，最先全部透過終點線的小組獲勝。

問題討論：

1. 在遊戲進行的過程中，你們小組是否能夠進行有效溝通？

2. 小組排頭的學員在遊戲中充當什麼角色？你是如何認識的？

3. 你認為如何才能讓同組的學員齊心協力儘快完成任務？

4. 團隊領導者的特質和職責：

⑴ **團隊領導者應具有的特質**

· 善於溝通　　· 自信豁達

· 視野開闊　　· 正直無私

· 合作精神　　· 勇敢果斷

· 專心致志　　· 重信守諾

· 有想像力　　· 有預見性

⑵ **團隊領導者的職責**

· 明確團隊的發展目標和方式。

‧ 培養團隊成員的責任心和信心。

‧ 促進團隊中各種技能的組合，並提高其技術水準。

‧ 建立好與外部人員的關係，為團隊的發展清除障礙。

‧ 為團隊中的其他成員創造發展機會。

培訓小故事

◎鸚鵡

一個人去買鸚鵡，看到一隻鸚鵡前標：此鸚鵡會兩門語言，售價 200 元。另一隻鸚鵡前則標道：此鸚鵡會四門語言，售價 400 元。該買那隻呢？兩隻都毛色光鮮，非常靈活可愛。這人轉啊轉，拿不定主意。結果突然發現一隻老掉了牙的鸚鵡，毛色暗淡散亂，標價 800 元。

這人趕緊將老闆叫來：這隻鸚鵡是不是會說八門語言？

店主說：不。

這人奇怪了：那為什麼又老又醜，又沒有能力，會值這個數呢？

店主回答：因為另外兩隻鸚鵡叫這隻鸚鵡老闆。

真正的領導人，不一定自己能力有多強，只要懂信任，懂放權，懂珍惜，就能團結比自己更強的力量，從而提升自己的身價。相反許多能力非常強的人卻因為過於完美主義，事必躬親，什麼人都不如自己，最後只能做最好的攻關人員，銷售代表，成不了優秀的領導人。

第三章

學習能力培訓遊戲

1 擺出時鐘的刻度

🛈 遊戲目的：

　　讓遊戲參與者透過遊戲提升判斷能力，讓遊戲參與者透過遊戲提升應變能力。

⑤ 遊戲人數：12 人

⑥ 遊戲時間：5～10 分鐘

✈ 遊戲場地：不限

€ 遊戲材料：時鐘模型、3 根長度不一的棍子

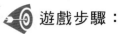 **遊戲步驟：**

　　1. 先在白板或牆壁上畫一個大的時鐘模型，並將時鐘的刻度標識出來。

　　2. 找3個學員分別扮演時鐘的秒針、分針和時針，每個人各自拿著一根代表相應指標的棍子，在時鐘模型前，背向白板站成一縱列，並確保扮演者看不到時鐘模型。

　　3. 培訓師任意說出一個時刻，例如現在是21點30分10秒，要3個分別扮演指標的學員迅速地將代表指標的道具指向正確的位置，指示錯誤或指示慢的人將被其他的學員取代。

　　4. 可重覆玩多次，也可只由一人同時扮演時鐘的分針和時針。

問題討論：

　　1. 如今唯一不變的就是變化，事物的發展也是一樣；管理者應注意觀察，不斷訓練，不斷提升自己的隨機應變能力。

　　2. 管理者不能一成不變地固守原來的執行方式，而應該隨地而變、隨時而變、隨機而變。

2 特殊的報數

遊戲目的：

透過遊戲鍛鍊遊戲參與者的思維，提升遊戲參與者的隨機應變能力。

遊戲人數：12 人

遊戲時間：30 分鐘

遊戲場地：不限

遊戲材料：無

遊戲步驟：

1. 培訓師讓所有學員面對面圍成一個圈。

2. 從某個學員開始按順時針方向進行報數，在報數的同時需要把頭甩向下一位學員。

3. 要求在報數的過程中不能說尾數為3和5的數，如當上一名學員說2後，下一名學員緊接著要說4；當上一名學員說14時，下一名學員要說16。

4. 在遊戲的過程中，每個學員都要儘快說出自己的數字，不能長

時間停頓。

5. 培訓師監督遊戲的全過程，當有學員報錯數字或停頓時間較長時，培訓師可判定其被淘汰。

6. 最後一名沒有被淘汰的學員獲勝。

🌀 問題討論：

1. 培訓師也可以選擇不同的尾數，但是中間應差一個數字，這樣可以保持遊戲的難度。

2. 為增加遊戲的難度，也可以在遊戲中遇到 3 和 5 的尾數時，學員必須說出在原數字上加上 10 的數字。如，上一名學員說 14 時，下一名學員直接說 25。

3. 隨機應變能力是一種根據不斷發展變化的主客觀條件，隨時調整行動的可貴的能力。

執行是個複雜的過程，管理者應該不斷提升自己的隨機應變能力，能夠敏銳地洞察社會和經濟的發展變化，根據具體狀況迅速地做出反應，並進行適當的調整。

培訓小故事

◎狩獵的印第安人

居住在加拿大東北部布拉多半島的印第安人靠狩獵為生。他們每天都要面對一個問題：選擇朝那個方向進發去尋找獵物。他們以一種在文明人看來十分可笑的方法尋找這個問題的答案：

把一塊鹿骨放在火上炙烤，直到骨頭出現裂痕，然後請部落的專家來破解這些裂痕中包含的信息——裂痕的走向就是他們當

天尋找獵物應朝的方向。

令人驚異的是，用這種完全是巫術的決策方法，他們竟然經常能找到獵物，所以這個習俗在部落中一直沿襲下來。

從管理學的角度來看，這些印第安人的決策方式包含著諸多「科學」的成分，儘管他們對「科學」這一概念一無所知。

首先，在每一天的決策活動中。按通常的做法，如果頭一天滿載而歸，那麼第二天就再到那個地方去狩獵。在一定時間內，他們的生產可能出現快速增長。但有許多快速增長常常是在缺乏「系統思考」、掠奪性利用資源的情況下取得的。如果這些印第安人過分看重他們以往取得的成果，就會陷入因濫用獵物資源而使之耗竭的危險之中。

其次，他們沒有使決策受制於某個人或某些人的偏好和判斷，而是把它置於一種決策系統之中。打獵實際上是獵人與獵物之間的博弈，如果獵人的行為受制理性選擇，那麼他們實際上是在以不自覺的方式訓練對手(獵物)。結果，獵人自己的行為方式對於對手(獵物)來說變得越來越透明，越來越容易對付，對手變得越來越聰明，獵人自己的核心競爭力越來越下降，直至最後喪失。

這就像「磨光理論」：信息的效用有賴於其獨享性，如果一個信息被充分共用的話，它的優勢和效用就被「磨光」了。因此，決策行為是悖論式的。所謂信息，就是「被消除了的不確定性」，決策行為一方面要力圖消除不確定性，追求透明度，另一方面又要維護不確定性，保持不透明。管理實際上是在確定性與不確定性、透明與不透明之間走鋼絲。一個成功的管理者身上，往往同時具備科學家、藝術家和巫師的素質。

3 「財富」互換

遊戲目的：

讓學員認識到共用知識與經驗的重要性，訓練學員進行知識與經驗的互換。

遊戲人數：不限

遊戲時間：15 分鐘

遊戲場地：不限

遊戲材料：無

遊戲步驟：

1. 培訓師向一位學員借一元錢，並向大家展示。

2. 培訓師向另外一位學員再借一元錢。

3. 將借來的第二筆錢還給第一位學員，將借來的第一筆錢還給第二位學員。

4. 培訓師問大家：「這兩人中是不是有人比以前有了更多的錢？」（當然沒有）

5. 培訓師告訴大家：如果剛才交換的不是錢，而是知識和經驗，

那麼參與交換（或共用）的人會比以前擁有更多的知識和經驗。

問題討論：

1. 那些因素阻礙了大家共用知識和經驗？

2. 大家是否願意互換知識和經驗？

3. 團隊學習模型之一：體驗式學習

(1) 何為體驗式學習

①團隊學習活動的精髓就在於體驗式學習——在做中學。

②體驗式學習又稱為「發現式學習」、「活動學習」或「互動學習」。

③體驗式學習是由全體學員參與，進行一系列的活動，之後分析各自的經驗這樣一種學習方式。

④學員從活動體驗中獲得知識和啟發，並將這些知識和啟發應用到日常的工作中。

(2) 體驗式學習的模型

體驗式學習要求所有學員都有參與學習的行動，然後用團隊討論的方式回顧行動的結果，透過討論獲得思想、知識和技能的提升，並在實踐中檢驗這些思想、知識和技能的適用性。一旦在檢驗中發現新問題，就開始新的行動，這樣學員的能力便在不斷循環的體驗式學習過程中得到了提高。

4 拼七巧板

ⓘ 遊戲目的：
　　讓學員學會正確的教練方法，提高團隊成員的學習效率。

Ⓢ 遊戲人數：45 人

Ⓕ 遊戲時間：30 分鐘

✈ 遊戲場地：室內

€ 遊戲材料：七巧板若干套（見附件）

◎ 遊戲步驟：

　　1. 將學員分為人數相等的若干組，每組選出一名組長。

　　2. 培訓師用三分鐘的時間把七巧板的使用方法傳授給各組組長。再讓各組組長分別教授本組成員，比比誰教得快。具體方法是定義目標、定義形狀、定義多邊形的每邊。教授的口訣：說給他聽，做給他看，（讓他）說給你昕，（讓他）做給你看。

　　3. 在各組中隨機選拔一名學員，代表本組參加比賽。可以給三分鐘的練習時間，還可以加大比賽的難度，如限時十秒完成。

問題討論：

1. 作為小組組長，你怎樣把方法教給你的組員？
2. 作為組員，你是否認同本組組長的教授方法？
3. 作為獲勝的小組，你們有怎樣的感受？
4. 團隊學習模型之二：EIAG 模型

EIAG 模型的含義是指四個方面：體驗(Experience)——識別(Identify)——分析(Analyze)——歸納(Generalize)。與「體驗式學習模型」相比，這個學習模型顯得更為複雜。

EIAG 模型已被培訓師廣泛用於提高個體學員或團隊的學習能力的過程，它有助於培訓師透過提問或討論促使學員更加深刻地理解所學的內容。

附件 七巧板圖示

5 點射足球

遊戲目的：

提高學員的教練方法與技巧，增進團隊成員的學習興趣與熱情。

遊戲人數：12 人

遊戲時間：15 分鐘

遊戲場地：空地或操場

遊戲材料：每組一個足球、一個球門

遊戲步驟：

1. 將學員分為6人一組，將足球、球門發給各組。

2. 各組有10分鐘的練習時間，然後進行點球大賽。

3. 一個小組踢點球時，另一個小組的一名學員當守門員。

4. 每名學員各有3次踢點球的機會(小組共有18次)，至少有一次當守門員的機會。

5. 踢球點要與球門保持 8 米的距離。

問題討論：

1. 你們小組的人是否都會踢球？如果有人不會，其他學員應當怎樣做？

2. 如果你在踢球方面比別人更有優勢，你是否願意向他人傳授你的技術與經驗？

3. 作為不會踢球的學員，你願意向他人學習嗎？

4. 團隊學習模型之三：學習區模型

當需要學習新事物的時候，人通常會有三種不同的感受區：舒適區、學習區和痛苦區。

舒適區：喜歡呆在舒適區的人，不願意冒較大的風險，他們會用已經掌握的學習方法學習新事物，這樣雖然在心理上感覺舒服，但學習效果有限，提高的速度會很慢。

學習區：處於這個區域的人，喜歡冒一定的風險去嘗試新的學習方式和方法，這樣是學習新事物的最佳狀態。

痛苦區：如果風險超出了學習者可以承受的極限，那麼學習者在學習新事物時就進入了痛苦區，這個區域內學習者的學習所得與心理感受（痛苦）相比，會顯得得不償失。因此，這時後退一點點才是明智之舉。

6 學打領帶

ⓘ 遊戲目的：
提高學員的教授能力，提高學員的知識（經驗）共用能力。

Ⓢ 遊戲人數： 不限

Ⓔ 遊戲時間： 20 分鐘

✈ 遊戲場地： 不限

€ 遊戲材料： 領帶一條

➤ 遊戲步驟：

1. 從學員中找出兩名志願者，甲扮演師傅，乙扮演徒弟。

2. 甲（師傅）的任務是在最短的時間內教會乙（徒弟）打領帶的方法。

3. 乙扮演一個不知道領帶打法的角色，並且要盡己所能地表現出弱的學習能力和低的學習效率（可以用一切誇張的手段，例如，師傅讓他抓住領口，他會抓住口袋）。

4. 可以讓全體學員輔助甲來教乙打領帶，但只能透過口頭提示，不能有所行動。

問題討論：

團隊學習模型之四：三環模型

三環模型為團隊提供了一個簡單但很有意義的動態績效評估方式。

團隊：指團隊中的成員以及相互間的關係與影響。

任務：指團隊的使命、目標以及所有尋求的結果。

過程：指團隊達成目標、結果所用的工作方法與方式。

大多數團隊把大部份的時間都聚焦在了任務上，認為把事情做好比調整人際關係更加重要。但只關注任務而忽視團隊，也就忽略了由「誰」來構建和維繫人際關係，而人際關係的不協調，常常是團隊低效率的重要原因之一。

培訓小故事

◎教授的第一堂課

有一位醫生到母校去進修，上課的正是一位原先教過他的教授。教授沒有認出他來。他的學生太多了，何況畢業已整整 10 年了。

第一堂課，講授用了半堂課的時間，給學生們講了一個故事。可是，這個故事醫生當年就聽過。

有個小男孩，家裏很窮，可是小男孩患了一種病，醫了很多地方，也不見效，為醫病花掉了家裏所有的積蓄，後來聽說有個郎中能治，母親便背著男孩前往。可是這個郎中的藥錢很貴，母親只得上山砍柴賣錢為孩子治病。一包草藥煎了又煎，一直味淡了才扔掉。

可是，小男孩發現，藥渣全部倒在路口上，被許多人踏著。小男孩問母親，為什麼把藥渣倒在路上？母親小聲告訴他：「別人踩了你的藥渣，就把病氣帶走了。」

小男孩說，這怎麼可以呢？我寧願自己生病，也不能讓別人也生病。後來小男孩再也沒見到過母親把藥渣倒在路上。有一天，小男孩打開後面的窗戶，他發現那些藥渣全倒在後門的小路上。那條小路只有母親上山砍柴才會經過。

醫生覺得教授真是古板，都 10 年了，怎麼又把故事拿出來講呢？醫生覺得索然無味。

教授的課在故事中結束，給學生留了幾道思考題。思考題很簡單，要求學生當堂課完成。前面的題大家答得很順利，可是，同學們被最後一道題難住了，這道題是這樣的：「你們知道單位裏每天清早在醫院裏打掃衛生的清潔工叫什麼名字？」同學們以為教授是在開玩笑，都沒有回答。

那位醫生也覺得好笑，都 10 年了，還出這樣的題，教授的課怎麼一成不變呢？教授看了學生的答題，表情很嚴肅。他在黑板上寫了一行字：「在你們的職業當中，每個人都是重要的，都值得關心，並關愛他們。」教授說：「現在我要表揚一位同學，只有他回答出來了」。

這個人就是那位醫生。醫生這時才猛然發現，自己在平時工作中常會下意識地去記清潔工的名字。他工作的醫院有 1000 多人，他竟然記得每位清潔工的名字。因為，這道題 10 年前就曾難倒過他。沒想到當年第一堂課會影響他這麼多年。

在企業管理中也是一樣，我們不僅僅關注公司裏的骨幹領導者，還要去關注那些默默無聞工作的人。

7 記憶力檢驗

i 遊戲目的：

加深學員對記憶的理解，增強學員對大腦的認識。

$ 遊戲人數：不限

£ 遊戲時間：5 分鐘

✈ 遊戲場地：不限

€ 遊戲材料：無

◎ 遊戲步驟：

1. 培訓師告訴學員一個關於大腦的理論。關於大腦的理論：大腦是人類至今沒有探索清楚的領域之一，它好比一台電腦，存儲著我們過去經歷過的很多事物，有些事物也許你會以為已經忘記，但很可能在某個時候又能突然想起來。

2. 培訓師問的問題如：誰還記得小學二年級的語文老師的名字？大家都記得多少位小學三年級時同班同學的名字？（很多人都會在大腦中搜索到已經很久沒有回憶過的東西。）

問題討論：

1. 有多少人能夠準確回答出問題的答案？

2. 大家應當怎樣記住一些重要的東西？

3. 這個遊戲對大家的工作和學習有什麼意義？

4. 團隊學習模型之五：四步法模型

在處理事情時，每個人都要經歷一個過程，這個過程主要由四個步驟構成。

(1)收集數據：

(2)做出決策：

_____

_____

(3)採取行動：

(4)得到結果：

_____

_____

8 劃掉不重要的人

遊戲目的：

透過遊戲映射執行中所面臨的壓力，幫助遊戲參與者提升壓力管理能力。

遊戲人數：4 人以上

遊戲時間：不限

遊戲場地：室內或會議室

 遊戲材料：白板 1 塊、筆 1 隻

 遊戲步驟：

1. 培訓師從學員中隨意挑選一人。

2. 讓挑選出的學員用筆在白板上寫下對他來說很重要、難以割捨的二十個人的名字（例如：親人、朋友、同事、鄰居等）。

3. 培訓師在這位學員寫好後，讓其在所寫的名字中劃掉一個他自己認為最不重要的人。

4. 如此進行反覆，直至最後只有一個名字沒有被劃掉；在此過程中，培訓師要觀察學員在整個選擇過程中的狀態變化（劃掉名字的速度、神情等）。

5. 詢問這位學員的感受，大家進行討論。

6. 討論過後，培訓師傳授一些解壓的技巧。

問題討論：

1. 詢問倒數的三個人與學員都是什麼關係？為什麼會做這樣的選擇？

2. 在選擇的時候有何種感受？為何會有這種感受？

3. 你在執行工作時是否有難以抉擇的情況？你會怎麼辦？

4. 這個遊戲與壓力管理有何共同之處？你如何做好壓力管理？

9 壓力下做選擇

遊戲目的：

　　幫助遊戲參與者提高重壓之下的判斷能力，讓遊戲參與者在遊戲中培養壓力管理能力。

遊戲人數：10 人

遊戲時間：不限

遊戲場地：室內或會議室

遊戲材料：每人一張白紙、一隻筆

遊戲步驟：

　　1. 培訓師從學員中隨意挑選2人充當實驗者。

　　2. 讓所有的學員排成一排坐好，將挑選的2人分別安排在頭尾兩端的座位上。

　　3. 培訓師敘述一道題，讓所有的學員進行選擇。

　　如：「仍」字共有幾筆？　　　A. 4筆　　　B. 5筆

　　培訓師和除那2名實驗者外的其他8名學員商量好，都選擇B選項。

　　4. 讓所有的學員依次說出他們的選項。

5.培訓師組織學員進行討論。

 問題討論：

1.第一個學員和最後一個學員分別做出了怎樣的選擇？

2.如果最後一名學員選擇B選項，詢問他是否受到了前面學員的影響？

3.你如何面對執行過程中的壓力？

4.如何在錯誤的大多數人中堅持自己的正確主張？

培訓小故事

◎一個人的決斷

美國總統林肯，在他上任後不久，有一次將六個幕僚召集在一起開會。林肯提出了一個重要法案，而幕僚們的看法並不統一，於是七個人便熱烈地爭論起來。林肯在仔細聽取其他六個人的意見後，仍感到自己是正確的。在最後決策的時候，六個幕僚一致反對林肯的意見，但林肯仍固執己見，他說：「雖然只有我一個人贊成但我仍要宣佈，這個法案通過了。」

表面上看，林肯這種忽視多數人意見的做法似乎過於獨斷專行。其實，林肯已經仔細地瞭解了其他六個人的看法並經過深思熟慮，認定自己的方案最為合理。而其他六個人持反對意見，只是一個條件反射，有的人甚至是人云亦云，根本就沒有認真考慮過這個方案。既然如此，自然應該力排眾議，堅持己見。因為，所謂討論，無非就是從各種不同的意見中選擇出一個最合理的。既然自己是對的，那還有什麼猶豫的呢？

在企業，經常會遇到這種情況：新的意見和想法一經提出，必定會有反對者。其中有對新意見不甚瞭解的人，也有為反對而反對的人。一片反對聲中，領導者猶如鶴立雞群，陷於孤立之境。這種時候，領導者不要害怕孤立。對於不瞭解的人，要懷著熱忱、耐心地向他說明道理，使反對者變成贊成者。對於為反對而反對的人，任你怎麼說，恐怕他們也不會接受，那麼就乾脆不要寄希望於他的贊同。

重要的是你的提議和決策是對的，只要真理在握，就應堅決地貫徹下去。決斷，是不能由多數人來做出的。多數人的意見是要聽的，但做出決斷的，是一個人。

10 掌握六頂思考帽

🛈 遊戲目的：

讓管理者充分瞭解「六頂思考帽」，讓管理者學會運用「六頂思考帽」。

💲 遊戲人數：不限

💷 遊戲時間：30 分鐘

✈ 遊戲場地：室內

遊戲材料： 無

 **遊戲步驟：**

1. 培訓師為學員敘述下列引言。

愛德華·德·波諾於1985年出版的著作《六頂思考帽》中闡述了有關思維模式的知識和信息。教練就需要具備「推動者」的技能，運用「六頂思考帽」的教練方法鼓勵被教練者拓寬思路，學會從不同的角度思考同一問題，即「更換不同的帽子」。

為了在教練過程中讓被教練者有更深刻的認識，教練可以準備6種不同顏色的帽子，並要求被教練者在一次練習活動中換戴不同的帽子。當教練要求被教練者帶上有特定色彩的帽子時，就是讓被教練者從這個角度回顧他與教練之間的對話。

2. 培訓師為學員講授「六頂思考帽」的內容。

問題討論：

「六頂思考帽」作為一種教練方法實際上是一個包括橫向思維在內的思維框架。管理者要加強自我學習，不斷提高教練技術，以便能透過對話讓被教練者明確自己的目標，看到更多的可能性。

附件　六頂思考帽

(1) 白色思考帽

　　白色代表著事實、數字、信息需求和差距。白色思考帽有利於鼓勵被教練者從現有數字的視角來思考。

(2) 紅色思考帽

　　紅色代表直覺、感情和情緒。紅色思考帽要求被教練者憑直覺去思考問題，鼓勵其表達對討論主題的感情傾向。

(3) 黑色思考帽

　　黑色代表著判斷和謹慎，意味著人的行為要符合邏輯。黑色思考帽有利於鼓勵被教練者去做一些自認為正確的嘗試。

(4) 黃色思考帽

　　黃色代表邏輯性和積極性。黃色思考帽意味著被教練者所計劃的行動會產生某種結果，或能在已完成的任務中找到有價值的東西。

(5) 綠色思考帽

　　綠色代表著創新、變革、選擇、建議和有趣的事情。綠色思考帽可幫助被教練者做出選擇和產生思想，同時可幫助其追求新的、富有創新性的思想。

(6) 藍色思考帽

　　藍色代表著總的看法或過程控制。當從這一角度思考問題時，被教練者可充分表達他或她對「此刻應該發生什麼事情」的看法。

11 習慣的力量

遊戲目的：

使得管理者認識習慣的力量，提高管理者的自我學習能力。

遊戲人數：12 人

遊戲時間：30 分鐘

遊戲場地：室內

遊戲材料：手錶

遊戲步驟：

1. 將所有的學員平均分成A、B兩組。A組中的每名學員在B組中挑選一名自己的搭檔。

2. 給B組的沒有戴手錶的學員每人發一塊手錶。

3. 讓B組學員將手錶戴在他們平常不戴錶(或不習慣)的手腕上。

4. 與A組學員開一個「秘密會議」，告訴他們需要與B組的搭檔進行「促膝長談」，長談的內容為交流個人的學習情況，他們扮演的是提問者的角色。在交談一段時間後，A組學員要詢問搭檔當前的時間是幾點幾分，同時注意觀察其反應。

5. 告訴B組成員，他們的任務是與搭檔交流學習情況，他們的角色主要是回答者。

6. 搭檔之間相互交流的時間是 20 分鐘，交流完成後，培訓師組織學員進行問題討論。

問題討論：

1. B組學員是否有看時間時看自己習慣戴錶的手腕的現象？

2. 你如何看待習慣的力量？習慣對人有什麼樣的影響？

3. 你如何讓自己養成自我學習的良好習慣？

4. 你的習慣決定了你以後的成敗，你的學習態度決定了你成就的高度。自我學習是永無止境的，它不會完成，只可接近。當我們願意開始時，我們就在成長的途中了。

12 禪宗心印

遊戲目的：

讓學員們打開思路，懂得學習新事物應有的心態，激勵員工及團隊的創新意識，激發員工及團隊的學習熱情和積極性。

遊戲人數：不限

遊戲時間：5 分鐘

遊戲場地：教室

 遊戲材料：杯子，咖啡（茶或水），託盤

 **遊戲步驟：**

　　1. 在培訓開始之前，培訓師先講一個故事給全體學員聽。這是一個相傳了幾個世紀的關於生活的禪宗故事。

　　難因是日本一位有名的禪師。有一天，有一位遊方弟子來向他請教禪的真諦。難因與他聊了一會兒後請他喝茶。他向那弟子的茶杯裏不斷地倒水，水杯滿了，他還是在倒，水都溢了出來。弟子感到非常驚訝，問難因：「師傅，水已經滿了，倒不進去了。」

　　難因說：「你就像這個杯子，早已裝滿了你自己的意見、判斷、思索。如果你不把你的杯子倒空，我又如何能告訴你禪的道理呢？」

　　2. 不是平鋪直敍地講述這個故事，而是準備一些上面列出的小道具並安排一位學員（事先安排好的）或是一位輔助講師，共同表演這個故事。

問題討論：

　　1. 這個禪宗故事和我們的培訓有什麼相關之處？

　　2. 我們中間有誰有過難因禪師的經驗？有誰有過遊學弟子的經驗？當時你感覺如何？

　　3. 在這個故事中，最重要的基本概念是什麼？

　　4. 反思一下自己，我們是不是在有些時候「自以為是」，認為凡

事已盡在自己的掌握之中了，而不記得類似於「大意失荊州」的教訓，這不是學習新事物的應有心態。

虛心好學，放下成見，是吸取知識的重要態度。只有不斷地學習和創新，才能進步。

13 天才兒童

🛈 遊戲目的：

幫助學員區分教育、培訓和發展之間的區別，指出在什麼情況下講師最好的企圖也可能造成對學員的局限，激發導師和學員的創新思維和開拓精神。

Ⓢ 遊戲人數：不限

Ⓕ 遊戲時間：15～20 分鐘

✈ 遊戲場地：教室

€ 遊戲材料：小男孩故事的影本

✐ 遊戲步驟：

1. 講師可以將下面這個小男孩的故事大聲朗讀給學員們聽，分發

給學員。

　　這是一個關於一個天才兒童的悲劇故事：

　　這個小男孩被送進一家普通的學校，就像其他孩子一樣，從最基礎的年級開始讀書。這對小男孩而言實在是太簡單了，這大大限制了他與生俱來的想像力和創造力。小男孩感到非常壓抑，以至於當他的父母意識到錯誤並將他送到一個新的更適合他發展的學習環境中時，他已經喪失了自己的天才。

　　2. 將全體學員分成 3～5 人一組，請每組討論一個問題：「從講師或學員的角度出發，這個故事告訴我們什麼道理？」。

 問題討論：

　　1. 這個故事的重點是什麼？

　　2. 在教育、培訓和發展三者之間，有什麼區別？

　　3. 什麼時候適合使用上述的教育方法？（如果我們將它們定義為三個不同的概念。）

　　4. 有沒有其他與這個小男孩的故事非常相似的故事，說明了不適當教育的壞處？

　　5. 這個故事的重點在於「因材施教」。從培訓師的角度來看，在教育、培訓和發展這三個不同的階段，不能採取單一的方式，從而對學員造成局限。對學員來說，應該對自己有明確的目標，有的放矢地學習知識。當沒有達到預期成效時，應及時檢討和修正方法及態度。

培訓小故事

◎理髮師的雙贏觀

一位理髮師傅帶了個徒弟，徒弟學過一段時間後開始給顧客服務了。

第一個顧客抱怨他，「頭髮留得過長。」徒弟無言以對，師傅笑著解釋，「頭髮長，使您顯得含蓄，這叫深藏不露，很符合您的身份。」顧客聽了高興而去。

徒弟給第二個顧客理好髮後，顧客照了照鏡子說，「頭髮好像剪得短了點。」徒弟無語，師傅笑答，「頭髮短，使您顯得精神、樸實，讓人感到親切。」顧客聽完欣喜而去。

遇到第三個顧客，徒弟小心謹慎，不料理完髮，顧客一邊交錢一邊抱怨，「時間花得太長了。」徒弟一臉茫然，師傅忙說，「為『首腦』多花點時間很有必要，您一定聽說過：進門蒼頭秀士，出門白面書生。」顧客聽罷，大笑而去。

到第四個顧客時，徒弟在小心謹慎的同時加快了速度。這回顧客摸著頭有些疑惑地說，「我好像還沒有這麼快就理完過頭髮。」師傅又一次笑著搶答，「如今時間就是金錢。『頂上功夫』速戰速決為您贏得了時間和金錢啊！」顧客歡笑告辭。

晚上，徒弟納悶地問師傅：「您為什麼處處替我說話？」

師傅寬厚地說：「每件事都有兩重性，有對有錯，有利有弊。我為你說話作用有二：對顧客來說，是為了讓顧客高興；對你而言，既是鼓勵又是鞭策。萬事開頭難。我希望你以後把活兒做得更好，並注意與顧客交流。」從此以後，徒弟心懷感激刻苦學藝，不僅理髮技藝日漸精湛，為人處事也遊刃有餘，生意紅紅火火。

理髮師傅的寥寥數語不僅化解了顧客的抱怨和責難，還由此

激發了徒弟鑽研技術的潛能，關鍵就在於他準確地抓住了顧客和徒弟的心理需求，疏通了人際溝通的通道，從而也就抓住了經營管理的根本。

時下，無論經營，還是管理，到處都在講「雙贏」。對經營管理者而言，儘量給顧客和下屬多創造一些心理上的愉悅和滿足，應該是實現「雙贏」的一條捷徑。

14 學習模式

🅘 遊戲目的：

指出人們的學習方法是多樣、並相互作用的，形成良好的工作和學習習慣，培訓分析及自我表達能力。

🅢 遊戲人數：不限

🅕 遊戲時間：15～30 分鐘

✈ 遊戲場地：教室

€ 遊戲材料：學習風格量表

遊戲步驟：

1. 向每位學員分發學習風格量表。

2. 請學員根據自己學習的實際情況對量表的四種類型進行評分。

3. 四種類型是：具體實踐型、仔細觀察型、抽象理論型、積極實驗型（見附件）。

4. 收集學員所填的量表，會發現每位學員的突出類型都是不同的。

5. 教員進而解釋每種學習類型有不同的接受知識的習慣。

6. 我們在這次學習過程中會運用不同的方法，使有不同學習習慣的學員都能更好地獲得新知。

問題討論：

1. 在四種學習類型中，那些類型是你的強項，那些是你的弱項？

2. 你的學習類型將如何影響你的學習效果？

3. 在這次學習過程中，培訓師該如何幫助你達到更好的學習效果？

4. 正確的學習類型會取得更好的學習效果。培訓師應掌握多種培訓技巧。可以採用的方法有：使用圖示、角色扮演、遊戲等。

附件　學習風格量表	
你通常是如何學習新知的？下面有四種不同的學習方法，請按你的實際情況對以下四種學習方法打分(從 1 至 10，1 表示非常不同意，10 表示非常同意。)	
A	具體實踐型(在真實環境下親身經歷)
B	仔細觀察型(觀察他人相關的經歷，隨後再對此仔細琢磨)
C	抽象理論型(綜合看似無關的多種因素，建立一個概念，發展成理論模式)
D	積極實驗型(透過實驗方式)

15 數字遊戲

🛈 遊戲目的：

鼓勵學員發現(或回顧)成人學習的原理，提高反應能力和協調能力，培訓正確的工作及學習方法。

Ⓢ 遊戲人數：不限

Ⓕ 遊戲時間：15 分鐘

✈ 遊戲場地：教室

€ 遊戲材料：圖表，列印成分發材料，每人 8 份

遊戲步驟：

1. 將相關圖示分發給各學員，每位學員 8 份。

2. 請學員將圖示正面朝下放在桌上，不要看上面的數字。

3. 告訴學員這是一個非常簡單的「手眼合作」的練習，關鍵是看大家在規定時間內的速度如何。

4. 接下來請學員將紙翻過來：「現在的任務是請大家用一隻筆，將數字按順序連接起來，從 1 到 2，到 3，到 4……直到我說：『停』，大家就一起停下來。好，開始！」

5. 給學員 60 秒的時間，然後叫停，「好，請大家將連接到的最後一個數字（最大的一位數）圈出來，並寫在紙的右上方。」

6. 重覆這個程序 6 次或 7 次，每次都給學員 60 秒的時間。

7. 要求學員將幾張紙按先後順序在左下角標上數字（從 1 到 6，或 7）。

問題討論：

1. 坦率地說，在進行這個練習時，你感覺如何？

2. 老話說，「刀越磨越快」。如果老話說得對，那麼我們的每次練習都應該較上一次有所進步，但事實是否如此呢？如果不是，為什麼？

3. 事實上我們在做這個練習時，刀並不是越磨越快，因為我們根本無法因為做過，就記住下一個數字在那，因為那是雜亂無章的。成人在繼續學習時缺乏系統性，常常會有這樣的重覆而無用的勞動出現。

正確的學習和工作方法能取得事半功倍的效果。

培訓小故事

◎沒有靠背的椅子

麥當勞速食店創始人雷‧克羅克，是美國社會最有影響的十大企業家之一。他不喜歡整天坐在辦公室裏，大部份工作時間都用在「走動管理」上，即到所有各公司、部門走走、看看、聽聽、問問。麥當勞公司曾有一段時間面臨嚴重虧損的危機，克羅克發現其中一個重要原因是公司各職能部門的經理有嚴重的官僚主義，習慣躺在舒適的椅背上指手畫腳，把許多寶貴時間耗費在抽煙和閒聊上。於是克羅克想出一個「奇招」，將所有經理的椅子靠背鋸掉，並立即照辦。開始很多人罵克羅克是個瘋子，但後來不久大家就體會到了他的一番「苦心」。他們紛紛走出辦公室，深入基層，開展「走動管理」。及時瞭解情況，現場解決問題，終於使公司扭虧轉盈。

人都是有惰性的，尤其是在安逸舒適的環境下，肯定會更沉迷其中。例如，如果在炎炎烈日與融融冷氣下，肯定大多數人會選擇後者。整天呆在辦公室，不到外界走動，世界發生了天翻覆地的變化都不知道，如何把企業經營好？

貪圖舒適的工作環境，肯定不會有好的工作效率。與其躺在那裏耗費時光，不如多出去走動走動，深入基層，瞭解更多的知識與信息。如果人們把安全和維持現狀看得比機會、首創精神和士氣更為重要，那就很容易產生姜縮和腐朽。

16 學習曲線圖

🛈 遊戲目的：

劃分學習水準並說明「學習停滯期」是常見的，理解學習狀態，培訓良好的工作和學習方法，激勵員工保持積極的心態。

💲 遊戲人數：8 人一組

💷 遊戲時間：15～20 分鐘

✈ 遊戲場地：空地

€ 遊戲材料：無

◎ 遊戲步驟：

1. 這個遊戲應與「數字遊戲」一起使用。

2. 當學員完成七組數字遊戲之後，請他們將自己的成績按先後順序標在學習曲線圖上，並將各點連成一線。

3. 可向學員展示幾個典型的學習曲線例子，有明顯的上升區，下降區和學習停滯區。

問題討論：

1. 是否每個人每次都能維持上升趨勢？

2. 我們常常會經歷一個短暫的或不明顯的下降區或學習停滯區，這是由什麼引起的？

3. 如果學員出現上述的學習停滯區，作為講師應當如何理解這種情況並採取相應措施？

4. 學習曲線圖：

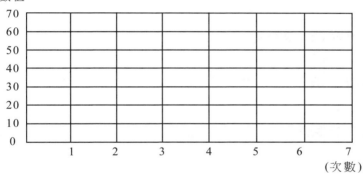

17 大腦的記憶力

ⓘ 遊戲目的：

生動講解大腦的快速記憶能力，演示說明我們曾學習過的東西的記憶幾乎可以立即被喚醒。

Ⓢ 遊戲人數：不限

ⓕ 遊戲時間：5 分鐘

✈ 遊戲場地：不限

ⓔ 遊戲材料：無

遊戲步驟：

1. 人類的大腦由上億的細胞構成，像一台電腦一樣儲存著所有我們曾經歷過的和曾學習過的東西。只是人們很少會點擊正確的按鈕來迅速回憶起多年前的經歷。

2. 講師在介紹並充實這一部份內容後，告訴大家現在你要向大家演示如何回想起過去曾提及的事物。

3. 讓學員休息片刻。

4. 休息後詢問學員：「誰能告訴我你們一年級班主任的名字？」

以往這一練習的實踐說明至少 3/4 的學員會記得。

　　5. 另一個方法是問學員他們小時候鄰居家小夥伴的名字。

 問題討論：

　　1. 你最後一次想起你一年級班主任老師是什麼時候？為什麼這個名字能這麼快速地躍入腦海？

　　2. 為什麼有些事可以在腦海中長久停留,而大多數的事情卻被迅速忘記了？

　　3. 為求更持久地記住一些知識或想法,我們可以怎麼做？

培訓小故事

◎同花順理論

　　接到 JK 公司王總的電話之後,吳明猶豫了很久。王總是他的好友,自然不便推脫。但 JK 公司的現狀確實很棘手,組織結構、管理制度、人力資源、市場行銷……問題一大堆,他該從何入手呢？

　　因為與 JK 公司接觸過幾次,對公司的情況有一定的瞭解,吳明知道公司決策層的做法到現在竟然還處於摸著石頭過河的狀況。於是老總摸石頭,員工們也摸石頭,手忙腳亂卻摸不著石頭。所以,吳明提議必須首先改變操作層面上的混亂狀態。他拿出一疊撲克牌(牌面上有各種漂亮的圖案),把在場的公司員工分成兩組,請 A 組每人從中選取自以為最好看的兩張;請 B 組每人選取兩張紅桃,並對點數作了明確的要求。最後,請兩組人員把牌亮出來。於是,出現了下面的結果：

A 組：黑桃 2、方塊 A、黑桃 8、梅花 Q、紅桃 3……

B 組：紅桃 A、紅桃 K、紅桃 Q、紅桃 J、紅桃 10……

「發現問題了嗎？」吳明問王總。

王總仍然迷惑不解，要求他解釋。

吳明說：「兩組的結果是完全不同的，A 組是一副雜牌，B 組卻是一手紅桃同花順。為什麼會這樣呢？這是因為，對於 A 組我沒有明確的指令，所以 A 組的人都是按照各自不同的審美觀念來選牌。我們不必評判他們的選擇孰優孰劣，但很顯然，他們每個人的做法都是一種個人行為。個人行為與個人行為混合在一起叫什麼？叫『烏合之眾』。再看看 B 組，清一色的同花順，這才是組織行為。」

這時，吳明注意到王總輕輕「喔」了一聲。

吳明繼續說：「你能拿一副雜牌去打敗對手的同花順嗎？當然不能。所謂『世有三亡』，以邪攻正者亡，以逆攻順者亡，以亂攻治者亡。如果公司的管理現狀不及時改變的話，恕我直言，恐怕會印證『以亂攻治者亡』這句哲言。」

公司處於個人行為為主的狀態，這不是員工的過錯，而是決策層有問題。如果你想要得到公司員工一致的行為，必須達到兩個條件：第一，決策層一定要思路清晰；第二，要給員工發出明確的指令。否則，員工們要麼茫然失措，要麼自行其是。

18 記憶關鍵字

遊戲目的：

提供一種已被證實的確實有效的方法來記住一長串有名字的事物，培訓團隊合作。

遊戲人數：不限

遊戲時間：15 分鐘

遊戲場地：教室

遊戲材料：無

遊戲步驟：

1. 透過關聯法來學習，認識大多數事物。這項練習會提供一個簡單快速記憶十個關鍵字的方法。

2. 為簡便起見，我們用教室作為聯繫物。

3. 先給教室的每堵牆和每個角落指定一個數字，地板是 9，天花板是 10。

4. 講師和學員一起一遍遍地復習這些數字的指向。如「這堵牆是幾？」直到學員準確記住 10 個數字的指向。

5. 我們給每個數字確定一個具體的事物。

1	（角落）	洗衣機	6	（牆）	青蛙
2	（牆）	炸彈	7	（角落）	小汽車
3	（角落）	公司職員	8	（牆）	運貨車
4	（牆）	藥	9	（地板）	頭髮
5	（角落）	錢	10	（天花板）	瓦片

6. 為了快速有效地記住每個指定的具體事物，我們有必要賦予每一個事物一個不尋常的、傻乎乎的、甚至是過分誇張的視覺效果。例如：

⑴「1 是一台很大的足足有 10 米高的洗衣機。它正在洗衣服，弄得到處是水。」而你必須去想像這個情景，就像親眼目睹一樣。

⑵ 2 呢，假想一堵牆坍塌下來，因為有一枚炸彈炸了。

⑶ 3 呢，看，一個 2 米高的公司職員戴著一頂可笑的白帽子，從那個角落朝我們筆直地走過來。

7. 就這樣，賦予每個數字和事物以視覺效果。

8. 當學員透過這個方法有效記住 10 個相互之間毫無關聯的事物後，講師告訴學員：「把 10 個關鍵字的記憶方法收入你的記憶庫中。」

9. 下次當你要回想那 10 個關鍵字時，就想想你在這個房間每堵牆，每個角落，天花板和地板上所看到的那些傻乎乎的誇張景象。

10. 記住，你所設想的東西越傻，你以後越能輕易地回想起來。

◎ 問題討論：

1. 你印象最深刻的數字是幾？為什麼？

2. 你印象最深刻的日期是多少？為什麼？

3. 事物的關聯性有助於加強記憶，你能舉出例子嗎？

4. 這是個行之有效的增強記憶力的方法，學會在工作和生活中靈活運用，你會體會到這是十分有效的。正確的記憶方法有助於學習和工作。

19 足球比賽

i 遊戲目的：

用於說明在指導下屬或同事工作或招待任務時所需要的技巧，培訓團隊合作和有效溝通，激發學員的學習興趣和積極性。

遊戲人數：6 人一組

遊戲時間：15 分鐘

遊戲場地：空地

遊戲材料：兩個龍門及足球

遊戲步驟：

1. 培訓師把龍門及足球發給小組，龍門與射球的地方要相隔八

米。

2. 給十分鐘的討論時間，之後進行比賽。

3. 每組要踢十個球，每人至少要有一次的踢球機會，進球量多的小組為獲勝組。

問題討論：

1. 你們小組是否具有這方面的技巧，如果有成員在這方面比其他成員更有技巧，那麼這些成員是怎樣教其他的人也具備這方面的技巧的？

2. 不懂執行這一任務的組員們，你們當時怎樣想，自己用什麼方法來完成任務，是否有學習慾望，向其他組員學習有沒有障礙，這些障礙是什麼？

3. 每一組中總有一個成員是在某一方面有專長的，一方面可以激發起其他組員的好勝心，引入競爭；另一方面，也可以教授這項技巧給其他組員，以共同進步。

有學習的慾望並積極嘗試，會很快地掌握一項新的技巧。

培訓小故事

◎買菜的比喻

一位老闆向一位管理顧問訴苦說，他的公司管理極為不善。顧問應約而往，到公司上下走動了一回，心中便有了底。

顧問問這位老闆：「你到菜市場去買過菜嗎？」

他愣了一下，答道：「是的。」

顧問繼續問：「你是否注意到，賣菜人總是習慣於缺斤少兩

呢？」

　　他回答：「是的，是這樣。」

　　「那麼，買菜人是否也習慣於討價還價呢？」

　　「是的。」他回答。

　　「那麼，」顧問笑著提醒他，「你是否也習慣於用買菜的方式來購買職工的生產力呢？」

　　他吃了一驚，瞪大眼睛望著顧問。

　　最後，顧問總結說：「一方面是你在薪資單上跟職工動腦筋，另一方面是職工在工作效率或工作品質上跟你缺斤少兩，也就是說，你和你的職工是同床異夢，這就是公司管理不善的癥結所在！」

　　在我們管理中出現的問題，很多時候是我們自身原因引發的，因此我們要解決問題，首先從改變自己開始。

20 自我 SWOT 分析

遊戲目的：

　　增強對自我的認識，瞭解自己的差距，找出指導自我學習的最佳方法。

遊戲人數：先以個人形式完成，而後進入 5 人小組討論

遊戲時間：10 分鐘

🛫 **遊戲場地：**教室

🔄 **遊戲材料：**SWOT 分析表

🎯 **遊戲步驟：**

1. 培訓師給每位學員發一張 SWOT 分析表。
2. 讓學員把自己的優勢、劣勢、威脅及機遇填在 SWOT 分析表中。
3. 學員進入小組與小組的其他成員分享。

♻️ **問題討論：**

1. 當你為自己作了 SWOT 分析之後，是否對自己的認識更加深刻了？
2. 小組的其他成員分享了之後，學到了些什麼？
3. 毫無疑問，透過自我 SWOT 分析使你對自己有了更準確和深刻的瞭解。在與其他組員分享的時候，注意傾聽其他組員所說的話，優勢互補，也便於更好地融入團隊當中。

4. 《自我 SWOT 分析表》操作指導圖形：

Strengths 優勢	Weaknesses 劣勢
1.	1.
2.	2.
3.	3.
Opportunities 機會	Threats 威脅
1.	1.
2.	2.
3.	3.

21 掃除學習障礙

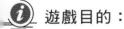 **遊戲目的：**

　　良好的學習和工作習慣的培訓，創新能力的培訓，團體合作的培訓。

遊戲人數：不限

遊戲時間：10 分鐘

遊戲場地：教室

遊戲材料：白板

遊戲步驟：

1. 培訓師給每位學員發「新的學習方法」表。

2. 給 5 分鐘的時間讓學員們瞭解舊方法與新方法之間的聯繫。

3. 讓學員都站起來，培訓師說出舊方法，但學員必須按新方法做出動作。

4. 把全班同學分為兩排，並且面對面地站立，其中一排操作，對面一排來記錄他們動作的準確度。

 問題討論：

1. 這種做法難不難，你是怎樣做到的？

2. 你是怎樣「暫時忘卻」舊的方法而進入新的方法中去的？

3. 在這個遊戲中，你的體會是什麼？

4. 說明以往人們所學到的知識、技巧及態度在學習新知識的過程中有很大的威脅，甚至會對人們學習新知識的能力、慾望及接受新的學習產生很大的阻力。所以在這一活動中，培訓師要講解一些「暫時忘卻」的技巧及過程。

22　不考試的測試

遊戲目的：

讓學員參與對課程的總結，加深學習的印象，培訓、會議等集體活動後信息收集及評估。

遊戲人數：不限

遊戲時間：10 分鐘

遊戲場地：教室

遊戲材料：白板

遊戲步驟：

1. 在整個培訓課程結束前 30 分鐘，發給學員們白紙。

2. 讓他們用 5 分鐘的時間寫出在這次培訓中，印象最深刻的內容，至少應該有 5～6 點。

3. 分成小組進行分享，並且用腦力風暴的方法列出如何記住這些學習要點的方法。

4. 挑選兩三個組進行彙報。

問題討論：

1. 匯總後的意見與一個人總結的內容有何不同？那個較好？
2. 怎樣才能加深理解和記憶？
3. 最後討論出來的內容比個人的總結要精闢和詳盡，說明學習過程中與他人交流溝通，會促進對學習內容的理解和記憶。

善於總結，善於分析，才能更好地學習知識。

培訓小故事

◎哲學家、螞蟻與天神

一位哲學家在海邊目睹一條船遇難。船上的水手和乘客全部溺斃了。他痛罵上蒼不講理——只因為一位罪犯正好乘坐這條船，竟然讓眾多的無辜者受害。當他正沉迷於這種思想的時候，他發覺自己被一大群螞蟻圍住，原來他站的位置距離螞蟻窩不遠。這時，有一隻螞蟻爬到他身上並叮他一口，他立刻用腳踩死所有的螞蟻。天神在這個時候現身，並用他的拐杖敲著哲學家說：「你既然都以類似上蒼的方式去對待那些可憐的螞蟻，難道你還夠資格去批判上蒼的作為嗎？」

這一則寓言很生動地描述了兩種有礙管理績效的心態。一是：以偏概全；一是：寬於律己，苛以待人。我們對寓言中上蒼及哲學家的作為，一定深不以為然。可是，一旦我們成為當事人時，往往也會不小心觸犯了上述二項禁忌，因為人是感官性的動物，例如：看到一位員工常常加班，另一位員工每次都準時下班，管理者常常以看到的景象，依照自己的思考模式來下判斷，認定

準時下班的員工配合度不夠，工作不敬業……

　　然而事實未必如管理者所看到的，有可能是常常加班的員工在上班時間打混摸魚，工作未能如期完成只好以加班來完成；也有可能常常加班的員工，工作方式不對；也有可能是工作分配不均……所以，身為管理者必須時時提醒自己：勤勞上進的員工未必是合作性高的員工；試圖取悅上司的員工未必能夠勝任艱難的工作。

　　至於另一項管理禁忌：寬於律己，苛以待人——是員工最厭惡的主管類型之一。也就是管理者標準不一，不能以身作則，反而以放大鏡來看待員工的行為，造成管理上的衝突，致使員工會有「多做多錯，少做少錯，不做不錯」的心結，或者「上行下效」，毫無作為可言，這也是人性之一。身為管理者就是表率，言行要謹慎，當你拿放大鏡看別人，卻放縱自己時，員工也必定是拿放大鏡來看待你，產生衝突是可想而知……

23 對掌推

遊戲目的：

　　運用一種對抗的局面來說明在管理或溝通中如何來化解衝突，活躍現場氣氛，團隊合作培訓，觀察和應變能力的培訓。

遊戲人數：2人一組

遊戲時間：5 分鐘

遊戲場地：教室

遊戲材料：無

遊戲步驟：

這項活動比較適合下課之前做。

1. 將學員分成兩人一組，讓他們面對面站著。讓他們舉起雙手，把手掌與搭檔的手掌對在一起。

2. 當你喊「開始」後，他們必須用力推搭檔的雙手。不斷地為他們加油，「使勁」、「只有幾秒鐘了」。

3. 兩個人都盡可能用力推向對方。

4. 暗中告訴其中一個人突然把力收回。

5. 進行角色互換。最後，感謝每一個人，請他們回到座位上去。（他們會給你一個疑惑的眼神或微笑，你只對他們笑笑就可以了。）

問題討論：

1. 當你用力推你的夥伴的手的時候，為了保持平衡，你的對手需要做什麼？

2. 如果你用更大的力氣，你的對手有什麼反應？

3. 當其中一個人突然撤回自己手中的力氣的時候，另一個人的反應是怎樣的？

4. 同樣，當別人與你的意見不一致的時候，你會怎麼想？

5. 當對方沒有反抗而你仍然施壓力的時候有什麼感覺？

6. 製造壓力有時會起到相反的作用，你認同嗎？

7. 當你把一個雞蛋放到熱水裏，它會變硬；當你把一個雞蛋放到冷水裏，它會變軟。在溝通中發生的爭論性論述就如同熱水一樣：他們可以使人變得強硬起來，堅持他們自己的看法。而採用一些迂廻曲折的方式提問卻使你的對手保持冷靜和溫和，最終會更樂於聽取並考慮你的想法。

此遊戲用這種委婉的方式說明了這種溝通的軟效應作用。

24 正確的點位

遊戲目的：

學習如何透過排除不相關的事物而只著眼於相關的依據來評判事物或人物的方法，正確學習方法和態度的培訓。

遊戲人數：不限

遊戲時間：10 分鐘

遊戲場地：教室

遊戲材料：白板

遊戲步驟：

1. 將圖表發給學員或用投影儀展示給全體學員看。請大家判斷一下這個點的位置是：

⑴更靠近三角形的頂部；

⑵更靠近三角形的底部；

⑶在三角形底部和頂部的中間（正確答案）。

2. 其他可選的操作方法：

⑴給學員一張紙，上面已繪有一個空白的三角形。

⑵請大家在三角形的頂部和底部的正中間畫一個點。

⑶然後展示一張正確的樣張。

⑷請大家用直尺來核對自己所畫的正確性。

問題討論：

1. 為什麼有些人所畫的點會錯位？（可能的原因：受到了三角形兩條斜邊的影響。）

2. 為什麼有些人畫對了？（不看斜邊而只看底部和頂部來進行判斷。）

3. 這個遊戲是否說明了在現實生活中我們所設想的往往也會有所偏差？

4. 我們如何才能克服或防止這種情況的發生？

5. 有些人畫錯了的原因是受到了三角形兩條斜邊的影響；那些不看斜邊而只看底部和頂部的人就會畫對。

在現實生活中我們的設想往往也有所偏差。為了克服和防止這種

情況的發生，我們應該學會排除干擾，化繁為簡，以做出正確的選擇。

25 境由心造

🛈 遊戲目的：

讓學員明白境由心造的道理，在工作中保持一份平和的心態，提高員工情商。

🛈 遊戲人數：5～10 人一組

🛈 遊戲時間：15 分鐘

🛈 遊戲場地：教室

🛈 遊戲材料：紙條、筆

🛈 遊戲步驟：

1. 分給學員們每人一張紙條，讓他們寫上自己今天不開心的事。

2. 培訓師將小紙條收上來，抽出其中幾張，大聲地念出來。這些不開心的事情，或許會是以下幾種：

⑴上司的指手畫腳。

⑵今天真倒楣，兒子不肯起床，遲到了，還被經理批評，一肚子

委屈，真想哭。

(3)不該我負的責任偏偏算到了我的頭上，煩死了。

問題討論：

1. 為什麼我們常常會認為自己是全世界最倒楣的一個，並且因為這樣那樣的小事，而弄得自己很不開心？

2. 我們怎樣才能克服這種不良的情緒更好地投入到工作當中去呢？

3. 我們常常喜歡羨慕別人，卻並不瞭解我們每個人都或多或少地經歷過一些不開心的事。「境由心造」，我們會獲得怎樣的感受取決於我們以怎樣的心態對待事物。

保持良好的心境是我們學習和工作成功的關鍵。

培訓小故事

◎太宗忘事

要治理好天下，必須要有雅量。例如宋太宗，在這方面表現得就很突出。《宋史》記載，有一天，宋太宗在北陪園與兩個重臣一起喝酒，邊喝邊聊，兩臣喝醉了，竟在皇帝面前相互比起功勞來，他們越比越來勁，乾脆鬥起嘴來，完全忘了在皇帝面前應有的君臣禮節。侍衛在旁看著實在不像話，便奏請宋太宗，要將這兩人抓起來送吏部治罪。宋太宗沒有同意只是草草撤了酒宴，派人分別把他倆送回了家。第二天上午他倆都從沉醉中醒來，想起昨天的事，惶恐萬分，連忙進宮請罪。宋太宗看著他們戰戰兢兢的樣子，便輕描淡寫地說：「昨天我也喝醉了，記不起這件事了。」

　　寬容是一個人的美德。現代的領導，都難免遇到下屬衝撞自己、對自己不尊的時候，學學宋太宗，既不處罰，也不表態，裝裝糊塗，行行寬容。這樣做，既體現了領導的仁厚，更展現了領導的睿智，不失領導的尊嚴，而又保全了下屬的面子。以後，上下相處也不會尷尬，你的部屬更會為你效犬馬之勞。

　　對於一個企業，領導者的心胸寬廣能容納百川。但寬容並不等於是做「好好先生」，不得罪人，而是設身處地地替下屬著想，這樣的老闆不是父母官，也稱得上是一個修養頗高的領導者。優秀的管理人員會儘量避免說不，以免傷害對方。他們不採取任何行動，希望問題會自動消失。但是，他們也絕不會說不敢面對問題或向員工投降。

26 聯想幫助記憶

遊戲目的：
幫助與會人員記住彼此的姓名，可以進行快速記憶。

遊戲人數：不限

遊戲時間：3～10 分鐘

遊戲場地：不限

遊戲材料： 無

遊戲步驟：

1. 請與會人員向大家做自我介紹。要求他們站起來說出自己的姓名，並把姓名與野餐（或其他活動）用的東西聯繫起來。例如：

⑴「我叫曼芬，我要帶一張桌子。」
⑵「我叫迪亞，我要開一輛麵包車。」
⑶「我叫傑克，我要帶麵包。」
⑷「我叫遠峰，我要帶鹽。」

2. 請每位與會人員選擇一個能幫助別人記住他自己特點的方式，也可以用押尾韻的方式說出來。如：「我是快樂的葉樂。」

問題討論：

1. 怎樣運用聯想的原理來幫助與會人員學習，並記住本課程中重要的專業知識？

2. 講一些舊概念，讓學員用這些來聯繫新概念，或者推動與會人員自己建立起與新概念相聯繫的方法，可以加快和加固對新概念的理解和記憶。找到適合自己的學習方法，這樣無論是工作還是學習都會輕鬆起來。

27 除舊佈新

遊戲目的：

讓與會人員明白以前學到的知識、技巧和態度對於他們接受新知識的能力與意願會有強烈的、而且經常是負面的影響。

遊戲人數：不限

遊戲時間：5～10 分鐘

遊戲場地：不限

遊戲材料：複印材料或者幻燈片，上面寫明老的及新的方向（見附件）

遊戲步驟：

1. 把材料發給與會人員，或用幻燈片給他們展示你希望他們學習的新方向。

2. 給他們 3 分鐘時間去理解並記憶「老」方向與「新」方向之間的聯繫。

3. 一切就緒後，請他們把材料放在一旁，面對教室前方站立。

4. 按照「上、下、左、右、前、後」的順序依次給他們下十個老

方向的指令，請他們在 3 秒內說出新方向並做出相應的動作。

5. 請他們就自己完成的準確程度計分。

 問題討論：

1. 你怎樣做才能幫助與會人員擺脫以往知識的負面影響，從而為更好地學習新知識做好準備？

2. 徹底忘掉老的方向，並把新方向當作普遍存在的真理去實踐，你就能儘量減少老方向的影響和制約。

事過境遷，時過境遷，在恰當的時候開始重新認識人和物。

附件　學習的新方向	
老方向	新方向
上	右
下	後
左	下
右	前
前	上
後	左

28 快速復習

i 遊戲目的：

透過復習及時檢查與會人員對知識的掌握程度，如何準確，牢固地記住所學的東西，激發學習的積極性。

$ 遊戲人數：不限

£ 遊戲時間：5 分鐘

✈ 遊戲場地：不限

€ 遊戲材料：無

✎ 遊戲步驟：

1. 在全天或更長的培訓課程中，可以利用這一饒有趣味的方法來檢驗與會人員的學習效果。

2. 在第一次課間休息前，向與會人員說明他們已學習了許多知識點。

3. 為了檢查他們對學過的知識的掌握程度，你要求他們做一個快速復習。

4. 允許他們休息一下，喝點咖啡之前，你想聽他們說出他們學過的十個知識點。

5. 請他們用最快的速度回答。每聽到一個就說一句：「謝謝，這是一個。」直到他們說出十個知識點為止。

6. 從上午的課程結束後到去吃午餐之前，重覆這一練習，總結自課間休息後到現在講過的內容。

7. 請與會人員說出學到的至少七個知識點。

8. 在下午課間休息前和最後結束課程時重覆這一練習。

♻ 問題討論：

1. 有多少人會因為大家說出的知識點的數目而感到驚奇？

2. 學習其他人認為是要點的東西有什麼重要性？

3. 你想到的知識點與其他人想到的知識點有什麼不同？

4. 教師每次都可以任意決定要求與會人員回答的所學知識點的數目。除了對自己總結出來的記憶深刻外，還加深了對自己印象不深的內容的記憶。

培訓小故事

◎天堂和地獄

一名教徒很想知道天堂到底是什麼樣子。他問先知伊裏亞：地獄在那裏？天堂又在那裏？伊裏亞沒有回答他，而是拉著他的手領著他穿過了一個黑暗的過道，來到一個殿堂，他們跨過了一個鐵門，走進了一間擠滿了人的大屋，這裏有窮人也有富人，有的人衣不蔽體，有的人則佩金戴玉。在屋子當中，有一個熊熊燃

燒著的火堆，上面吊著一個大湯鍋，鍋裏的湯沸騰著，飄散著令人垂涎的香味，湯鍋的週圍，擠滿了面黃肌瘦的人們。他們每個人手裏都拿著一個好幾尺長的大湯勺。舀湯的一端是個鐵碗，勺把是木制的，這些饑餓的人們圍著湯鍋貪婪地舀著，由於湯勺的柄非常長，一勺湯又非常重，即使是身體強壯的人也不可能把湯喝進自己嘴裏，而不得要領的那些人不僅燙了自己的胳膊和臉，還把身邊的人也燙傷了，於是，他們相互責罵，進而用湯勺大打出手。先知伊襄亞對那個教徒說「這就是地獄！」

　　然後，他們離開了這屋子，透過另一條幽暗的過道走了好一陣子來到另一間屋子。同前面一樣，屋子中間有一個熱湯鍋，許多人圍坐在旁邊，手裏拿著長柄湯勺，也是木制的柄鐵制的碗。除了舀湯聲外，只聽到靜靜的滿意的喝湯聲，鍋旁總保持兩個人，一個舀湯給另一個喝。如果舀湯的人累了，另一個就會拿著湯勺來幫忙。先知伊襄亞對教徒說「這就是天堂！」

　　一、同樣的問題，解決的方式和方法卻決定了生活在天堂還是地獄。二、進天堂還是進地獄，取決於我們的經驗和解決方法，更重要取決於我們是否與他人合作。三、積極團隊就是天堂，消極團隊就是地獄。

29 要點復習法

🛈 遊戲目的：

鼓勵與會人員開動腦筋，發揮集體記憶的優勢，同時也重溫所學過的一系列有用的知識。

Ⓢ 遊戲人數：不限

Ⓔ 遊戲時間：3 分鐘

✈ 遊戲場地：不限

€ 遊戲材料：每人發一些卡片和一張答題紙

遊戲步驟：

1. 課程開始前發給每人足夠的卡片，請與會人員聽課過程中把他們認為的要點簡明扼要地記下來，每張卡片記一個要點。

2. 在課程結束時把卡片收上來，答應在 72 小時之內把統計結果寄給大家。

3. 按照出現次數多少的次序把「十大要點」列印出來，寄給與會人員。這是鞏固重要知識點的好辦法──透過與會人員的眼神就可以看出來。

問題討論：

1. 你想出了多少要點？

2. 你想出的要點中有多少入選了十大要點？

3. 分組討論是不是更有成效？表現在那些方面？透過傾聽別人的觀點，你獲得那些更深入的看法？

4. 可以透過大家共同討論，來判斷那些是重要的東西，從而可以知道自己去把握東西時有什麼不合適的地方。

觸類旁通，當一個企業出現危機的時候，也可以透過這種方法找出問題的所在。

30 有獎競答

 遊戲目的：

用一種競爭氣氛來鞏固在本課或以前學過的知識要點，增強學習記憶效果。

 遊戲人數：5～7 人為一組

 遊戲時間：10 分鐘

 遊戲場地：不限

遊戲材料：事先準備好的試題與獎品

 遊戲步驟：

1. 把與會人員分成兩組。
2. 根據學過的知識，分門別類地出兩套試題。
3. 請其中一組挑一個類別，問他們一道試題。
4. 如果他們答對了，加一分（或者給一張玩具鈔票）。
5. 如果答案有誤，另一組就獲得了答題和得分的機會。
6. 如果兩組均未答對此題，他們必須去查閱參考資料，找出答案。
7. 將各組得分累積起來，首先達到規定分數的一組是優勝者（他們能夠獲得表揚或獎勵）。

問題討論：

1. 你對自己的表現滿意嗎？
2. 你所在的組勝利或失利的主要原因是什麼？如何改進？
3. 這一方法主要優點是：

增強了學習的積極性。幫助教師瞭解那些知識受訓者掌握得較好，那些在回憶時還有困難。教師可以發現自己那些問題講授得好，那些問題講授得不好。

31 瞭解核心內容

遊戲目的：

測驗一下與會人員對核心概念的掌握程度，如何確定重點內容，記憶力訓練。

遊戲人數：5～7 人一組

遊戲時間：10 分鐘

遊戲場地：不限

遊戲材料：兩套相同的印著與課程有關的術語的卡片

遊戲步驟：

1. 選擇一套與課程有關的主要術語，每張卡片上只印一個術語。
2. 再複製一套這樣的卡片。
3. 在卡片上標上序號，以保證卡片按次序排列。
4. 把與會人員分成兩隊。
5. 從每隊中挑選一人，請他們各自拿起兩套卡片中最上面的一張。（這兩張卡片是相同的）
6. 不能把卡片亮給他們的隊友看。

7. 第一隊被挑出的人先開始，用詞語(如押韻的單詞、同義詞或其他單詞)提示自己的隊友。

8. 隊友則集思廣益，在規定的短時間內猜一下這個術語，猜對了得十分。

9. 如果他們猜錯了，另一隊挑選出來的人可以再給一個提示。

10. 請自己這一隊的隊友根據這個提示去猜，爭取獲得剩下的九分。

11. 重覆這一過程，直到雙方共猜了十次，或者有一隊猜出了答案，最終猜對的一隊得分。

12. 每猜一次，題目的價值就將減少一分，例如：一道題目是在第五次被猜中的，那麼得分就只能是 5 分。

13. 第一道題目被猜中之後，被挑出的兩位選手分別拿出第二張卡片。

14. 請另一隊被挑出的選手先開始，給出提示，讓自己的隊友來猜。重覆上面的過程。

15. 在規定的時間內(或卡片用完後)得分較高的一隊獲勝，並能獲得獎勵。

問題討論：

1. 那些術語最難猜？為什麼？

2. 現在你想弄明白那些術語？

培訓小故事

◎老劉的牢騷

老劉要去找總經理抗爭：「我們雖然是工友，但也是人，怎麼能動不動就加班，連個慰問都沒有？年終獎金也沒幾文。」老劉出發之前，義憤填膺地對同事說，「我要好好訓訓那自以為了不得的總經理。」

「我是老劉。」老劉對總經理的秘書說，「我約好的。」

「是的、是的。總經理在等你，不過不巧，有位同事臨時有急件送進去，麻煩您稍等一下。」秘書客氣地把老劉帶過會客室，請老劉坐，又堆上一臉笑，「你是喝咖啡還是喝茶？」

「我什麼都不喝。」老劉小心地坐進大沙發。

「總經理特別交代，如果您喝茶，一定要泡上好的龍井。」

「那就茶吧！」

不一會兒，秘書小姐端進連著託盤的蓋碗茶，又送上一碟小點心：「您慢用，總經理馬上出來。」

「我是老劉。」老劉接過茶，抬頭盯著秘書小姐，「你沒弄錯吧！我是工友老劉。」

「當然沒弄錯，你是公司的元老，老同事了，總經理常說你們最辛苦了，一般同仁加班到九點，你們得忙到十點，實在心裏過意不去。」

正說著，總經理已經大跨步地走出來，跟老劉握手：「聽說您有急事？」

「也……也……也，其實也沒什麼，幾位工友同事叫我來看看您……」

不知為什麼，老劉憋的那一肚子不吐不快的怨氣，一下子全

不見了。臨走,還不斷對總經理說:「您辛苦、您辛苦,大家都辛苦,打擾了!」

　　整個事情來看總經理還沒出現,已經把問題化解了一大半,不是嗎?碰上正激動的老劉,與其一見面就不高興,何不請他坐,讓他先冷靜一下?他如果有怨言,覺得不被尊重,何不為他奉上茶點,待為上賓,使他受寵若驚?人都要面子,也都要情。你先把對方的面子做足了,再狠的人,也會為你留點面子。

　　更重要的,是當你遇到實力比你差得非常遠的對手時,如果你硬是高高在上,由於他沒有「談的籌碼」,往往會流於意氣之爭,作困獸之鬥。所以大黨遇到小黨,即使可以一面倒地表決通過,也會先做溝通。能夠「協議通過」的事,何必「以大吃小」呢?而且當弱小的知道根本沒法產生影響力的時候,就難免採取非常的手段,跳上台,砸議事槌、麥克風。

心得欄

第 四 章

組織能力培訓遊戲

1 先訂計劃再執行

遊戲目的：
　　讓遊戲參與者在遊戲中體會到計劃的重要性，提高遊戲參與者的合作意識和計劃管理能力。

遊戲人數：12 人

遊戲時間：80 分鐘

遊戲場地：室內和室外空曠的場地

遊戲材料：白紙、筆、膠帶、硬卡紙、剪刀、生雞蛋等

遊戲步驟：

1. 將學員按照6人一組，分成2組。

2. 將遊戲需要的材料分發給兩個小組。

3. 培訓師為學員講述遊戲規則。

(1)要求學員用給定的材料在60分鐘之內製作一架飛機，同時把雞蛋放進去。各組飛機中的雞蛋必須可以被清楚地看到，以便人們確定其中的雞蛋是否破了。

(2)每個小組還必須設計一面旗子以標明飛機的落地地點，如設計有創意將得到獎賞。

(3)遊戲正式開始後，各組學員要仔細審查自己的材料，將小組成員的意見匯總成小組的製作方案，並就如何安排使用這60分鐘制訂一個計劃。

(4)在設計製造飛機的前10分鐘，學員可以向培訓師諮詢有關材料和過程的事宜，但是小組成員不可以與自己團隊之外的任何人交流飛機製造計劃。

(5)飛機製作好之後，學員要一起到室外空曠的場地進行放飛試驗，放飛飛機的學員要用力將飛機擲出去，擲得越遠越好，但要保證雞蛋在飛機落地後沒有破裂。

(6)如果雞蛋在飛機航行的過程中或落地時破裂，則小組任務失敗。

4. 學員做完飛機後，培訓師和學員一起到室外空地進行試飛。

5. 飛機航行得最遠，同時雞蛋不破者為獲勝組。

6. 每個團隊將用 20 分鐘進行反思、討論並提出回饋意見和改進建議。

問題討論：

　　磨刀不誤砍柴工。有效執行比無效執行多的是思考，少的是問題；多一點研究，就會少許多麻煩；多一步計劃，就會少許多無用功。

　　每個人都貢獻一點想法，就可能得到一個絕妙的創意。團隊成員要通力合作，踴躍發表自己的意見，迅速做出執行計劃，不要讓計劃時間佔用執行時間。

2 為明天制訂計劃

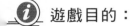

 遊戲目的：

　　讓遊戲參與者學會制訂工作計劃，提升遊戲參與者的計劃管理能力。

遊戲人數：不限

遊戲時間：20 分鐘

遊戲場地：室內

遊戲材料：筆、計劃表（見附件）若干

🎯 遊戲步驟：

1. 培訓師為每位學員發一支筆和一張計劃表（見附件），要求學員在白紙上制訂出明天的工作計劃。

2. 計劃做好後，要求學員保留計劃，並將計劃於明日實施。

3. 培訓師組織學員進行討論。

4. 學員要在後天檢查自己計劃的落實情況，如果有沒有落實的事項，試著找出原因。

🎯 問題討論：

1. 在你制訂的計劃中是否為每一項工作設定了具體時間？

2. 你是否能有效落實你的計劃？

3. 你如何應對計劃外的突發事件？

4. 管理者要想讓自己的工作更有效率，就需要為自己制訂一個切實可行的計劃，並堅持執行。

凡事預則立，不預則廢，沒有計劃，談何執行？

附件		月　日	工作計劃表
姓名：			
我承諾：堅定落實計劃，不打任何折扣！			
序號	時間	計劃內容（事項）	計劃落實情況
1			
2			
3			

培訓小故事

◎馬戲團的老虎

　　從前，在一個馬戲團裏有一位馴養員。在他所飼養訓練的動物當中，以一對小老虎的表演最為逗趣、可愛，演出時場場滿座，廣受觀眾的喜愛。

　　馴養員每天餵小老虎一斤肉，然後再施以訓練。它們受到獎勵便表現得非常突出，演出動作完全按照馴養員的要求。因此馴養員相當得意，摸摸兩隻小老虎的頭以示贊許，老虎也咆哮一聲，自鳴得意一番。

　　隨著時間的流逝，小老虎長大了，而馴養員卻仍然每天只餵它們吃一斤肉。到了第三年，小老虎已經變成大老虎了，這時它們的食量大增，僅吃一斤肉已不能填飽它們的肚皮，所以它們常在表演時對著馴養員吼叫，暗示它們的需要。然而馴養員不以為然，以為它們又在自鳴得意。

　　一天，在全場爆滿的觀眾的期待之下，馴養員又帶著這一對老虎出場獻藝。

　　馴養員先餵老虎吃了一斤肉，老虎也做了一番精彩的演出，然而接著它們卻在全場觀眾的熱烈掌聲中，咆哮一聲，在眾目睽睽之下向馴養員猛撲過去……

　　公司是否真的掌握了員工的需要呢？領導是否真的瞭解員工的需求呢？如果不能瞭解他們真正的需求，有朝一日下屬也會變成馬戲團的老虎。所以，請開闢並珍惜雙方真誠的雙向溝通管道，隨時瞭解他人的需求。特別在培訓教育上，應該要因人制宜才能取得最佳的效果。

3 如何快速過河

ⓘ 遊戲目的：

　　讓遊戲參與者認識速度對效率的重要性，讓遊戲參與者提升自己的效率管理能力。

ⓢ 遊戲人數：12 人

Ⓔ 遊戲時間：10 分鐘

✈ 遊戲場地：空地或空曠的室內

€ 遊戲材料：繩子 6 條（每條 15 米），手電筒 3 隻，秒錶 3 塊

◉ 遊戲步驟：

　　1. 把12名學員平均分成3組，每組4人。

　　2. 將兩條繩子以相隔1米的距離平行擺放在地上，充當一座小橋，共「建成」3座小橋。

　　3. 培訓師向學員介紹遊戲規則：每組4個人中假設每個人過橋的時間分別需要1分鐘、2分鐘、5分鐘和10分鐘，每次只能有兩個人過橋，且每次過橋時間短的人都必須等待時間長的人，每次過橋時都必須打手電筒（每組1隻），每次過橋後，都必須有人拿手電筒返回，以

便下次過橋。每組有一名裁判，負責計時和監督，培訓師說開始後，各組可先進行討論，討論的時間由裁判按實際時間計算，如要過河時，學員須高喊「過河」兩字，裁判停錶。過河的時間按設定的虛擬時間算。

4. 三組按照規則進行遊戲。

5. 遊戲結束後，看那組所用的時間最短，效率最高。思考為什麼會得到這樣的結果？

參考答案：假設 A、B、C、D 的過河時間分別為 1 分鐘、2 分鐘、5 分鐘、10 分鐘，先由 A 和 B 拿著手電筒過河，然後 A 返回，手電筒交給 C 和 D，C、D 到達對岸後把手電筒交給 B，B 返回，與 A 一起過河，所用時間為 2＋1＋10＋2＋2＝17 分鐘。

 問題討論：

1. 效率是做好工作的靈魂，速度快不一定有效率，但是要想有效率就一定不能慢。

2. 效率決定生存，要想在行業中突出重圍，處於領先地位，就必須比對手更快一步。

圖示	_____	第 1 組
	A B C D	
	_____	第 2 組
	A B C D	
	_____	第 3 組
	A B C D	

4 如何做題最有效

🎯 遊戲目的：

讓遊戲參與者體驗到在問題中可以找到有效的方法，使遊戲參與者認識到效率對企業競爭力的重要作用。

💲 遊戲人數：不限

💷 遊戲時間：10 分鐘

✈ 遊戲場地：室內

€ 遊戲材料：每人一隻筆，一張印有題目的測試卷

🎯 遊戲步驟：

1. 培訓師向每位學員分發筆和測試卷。

2. 告訴學員必須在5分鐘內完成此測試卷的內容。

3. 培訓師要在學員開始答題之前，著重提醒所有的學員審一遍題。

4. 培訓師計時開始，5分鐘後讓所有的學員停筆。

5. 針對學員的做題情況，組織學員進行討論。

測試卷：

請讀完所有的題目，然後選擇你認為正確的選項。

1. MS Office辦公軟體是那個公司的產品？

A. Oracle　　　　B. Microsoft　　　　C. SAP

2. 請問：1+2+3+…+99+100+101等於多少？

A. 5050　　　　　B. 5051　　　　　　C. 5151

3. 法國最大的汽車製造企業是那家？

A. 大眾　　　　　B. 雷諾　　　　　　C. 標緻雪鐵龍

4. 秦始皇於那一年統一中國？

A. 西元前221年　B. 西元前222年　C. 西元前223年

5. 請問四川省和下列那個省不接壤？

A. 雲南省　　　　B. 陝西省　　　　　C. 湖南省

6. 下列那家企業被海信收購了？

A. 科龍　　　　　B. 春蘭　　　　　　C. 美的

7. 除本題外，你可以只選擇做對其中的三道題就可以得到滿分，否則你必須做完全部的題目。如果不選則視為要做所有的題目。

　A. 1、3、9　　　B. 2、5、10　　　C. 4、6、8

8. 中國的銀行卡組織是下列那一個？

A. 維薩　　　　　B. 萬事達　　　　　C. 銀聯

9. 以下作家中沒有獲得過茅盾文學獎的是那一位？

A. 賈平凹　　　　B. 路遙　　　　　　C. 張平

10. 被稱為「現代管理之父」的是下列中的那一位？

A. 松下幸之助　　B. 彼特·德魯克　C. 羅伯特·蒙代爾

評分標準：總分 90 分

1. 如果第7題做出選擇，則除選擇的題目外，其他題目不計分數，三道題，每題30分，第7題沒有分。

2. 如果沒有選做第 7 題，則每題 10 分。

參考答案：

1. B　　2. C　　3. C　　4. A　　5. C　　6. A　　8. C

9. A　　10. B

問題討論：

1. 你是否沒有聽從培訓師要求「審一遍題」的提醒，而直接從第一題開始做？

2. 即使看到了第7題的內容，你是否會因為沒有把握而放棄選擇？

3. 透過做題的過程，你認為這和效率管理有怎樣的聯繫？

4. 我們應如何提高自己和組織的執行效率來保持企業競爭力？

5. 提高效率的方法往往隱藏在問題當中，只有認真、全面地分析問題，研究問題，才能找到解決問題的最好途徑。

效率是企業保持競爭力的重要因素，沒有效率的執行只是白白地浪費時間而已。

培訓小故事

◎不要「嚇」我

《莊子》裏講過這樣一個故事：戰國時，惠施在魏國當相國，莊週跑去要與他會面。惠施聽人說，莊週這次來魏國的目的，是想取他相國之位而代之，所以十分緊張，命令官兵在都城搜捕了三天三夜，但還是沒抓到莊週。正當惠施坐立不安而又無可奈何之時，莊週卻自己找上門來了，還對他講了一個故事，「南方有一種鳥，從南海出發，飛到了北海。不是梧桐樹它不會棲身，不是仙果它不會吃，不是清洌的甘泉它不會喝。貓頭鷹弄到了一隻死了好幾天，身體都腐朽了的老鼠，正巧該鳥飛過，貓頭鷹抬頭看見了，以為這隻鳥想吃它的老鼠，於是發出驚叫：『嚇！』現在，你難道也要用魏國來『嚇』我嗎？」

在我們現代社會，像惠施與貓頭鷹這樣，「以小人之心度君子之腹」的人其實是大有人在的。例如，有的人害怕有才能的人調入自己的單位或部門，擔心自己的地位保不住，被人取而代之，於是設法要去整這個人。

其實，這裏存在兩個問題，一是現在是競爭的時代，巨石尚且壓不住雨後春筍冒尖，你即使百般阻撓，能阻止新苗脫穎而出嗎？二是你現在的位子，在你眼裏是寶座，人家是不是稀罕呢？

一個優秀的領導者，不是要處心積慮地去壓制你的屬下，而是要設法怎麼讓這些比你更優秀的人為你效忠。當然，在你海納百川，擇賢用人的同時，也不要忘了自身的學習與完善。縱使千鳥掠過，我自巋然不動。能把別人優點變成自己優點的人，一定能成為無往不勝的領導者。

5 領路人

🛈 遊戲目的：
讓學員體驗組織工作的複雜性，提高學員的領導能力。

🅢 遊戲人數：10 人

🄴 遊戲時間：30 分鐘

✈ 遊戲場地：室外空地

🅔 遊戲材料：9 副眼罩

🎯 遊戲步驟：

1. 向學員宣佈開始一次有嚮導的集體步行。

2. 選出領路人，其他學員帶上眼罩排成一隊，後一個人的手要搭在前一個人的雙肩上。

3. 只有領路人可以看到路，他來協助大家行進一段距離，並且要保護其他學員在遊戲過程中不出意外。

4. 領路人和戴眼罩的學員可以相互交流，但是戴眼罩的學員之間不能相互溝通。

5. 領路人帶領大家行進一段時間後，停止前進，更換領路人後重

新開始。

6. 輪換領路人，儘量讓每個人都充當過領路人。

 問題討論：

1. 作為領路人，對你來說最難的是什麼問題？在這期間是否有不可預測的情況發生？

2. 作為跟隨者，你是否能完全理解領路人的指示？你在行進過程中遇到了什麼困難？

3. 領導者作為團隊或組織的領路人，應該具備那些能力？

4. 領導者的類型：

類型	特徵
絕對領導者	· 領導者的威信極高，員工對領導者極其崇拜 · 員工對領導者的指示會不折不扣地執行 · 領導者地位穩固，沒有人可以藐視其權威、撼動其地位 · 領導者具有戰略眼光，但喜歡獨斷專行 · 其領導的企業缺乏民主氣氛和創新精神 · 領導者的決策錯誤會讓企業一敗塗地
有效領導者	· 領導者具有非凡的個人魅力 · 領導者的威信很高，員工對其非常信任，並願意服從領導 · 會鼓勵員工參與決策 · 決策制定後，員工能不折不扣地執行 · 允許企業內的其他人可以充當領導者角色，並與之保持和諧的關係 · 企業的民主氣氛濃厚，提倡創新和學習

續表

名義 領導者	・ 領導者是以一種權力身份來進行領導
	・ 領導者的威信不高，經常以勢壓人
	・ 員工是以一種服從等級管理的心態來服從領導者
	・ 依靠企業的內部經營體制進行領導和決策
	・ 領導者善於玩弄權術、巴結上級、疏通關係
	・ 企業內還有許多有能力的人可以勝任其角色，但沒有機會取而代之
	・ 領導者說的比做的好，善於做表面文章
無效 領導者	・ 領導者缺乏個人魅力
	・ 領導者在企業中沒有任何威望
	・ 員工對領導者的指示，執行時往往大打折扣
	・ 其主持進行的項目總是無果而終
	・ 領導者較為軟弱，員工敢於正面或暗地挑戰其權威
	・ 企業的其他管理人員對其領導能力極度不滿

6 毽子飛舞

遊戲目的：

讓學員認識到組織工作的重要性，鍛鍊學員的動作協調性。

遊戲人數：6～12 人

遊戲時間：20 分鐘

遊戲場地：室外空地

 遊戲材料：毽子

 遊戲步驟：

1. 讓所有學員圍成一個圓圈面向圓心站立，相鄰兩個學員間保持一臂距離。

2. 學員的任務是透過相互配合踢毽子，保證毽子在空中飛舞不掉落。

3. 學員不允許用手觸碰毽子。

4. 毽子的轉移要迅速，學員一次控制毽子的時間不得超過10秒。

5. 選擇一名毽子踢得最好的學員來到圓圈的中間，充當組織者的角色，宣佈新遊戲規則。

6. 新遊戲規則：每個處於圓圈位置的學員要把毽子先踢給組織者，由組織者來協調轉移。其他規則不變。

問題討論：

1. 增加組織者後，遊戲的過程和結果有什麼變化？為什麼？

2. 透過遊戲，你是如何認識組織者在團隊工作中的作用的？

3. 你認為組織者應該具備那些必要的能力？

4. 組織能力：

⑴組織能力的概念

組織能力是指領導者為了組織的利益和實現組織制定的目標，運

用一定方法和技巧，把一定數量的人組織在一個團結向上的集體之中，讓大家發揮集體智慧和力量，透過協調配合來完成既定任務，達成組織制定的目標的一種能力。

⑵組織能力的 3 個方面

組織能力是保證領導活動得以實施的領導能力之一，它可以被理解成是綜合了協調與管理能力、控制與指揮能力、統帥與駕馭能力的領導能力，主要包括以下 3 個方面的內容。

①協調與管理能力，即領導者運用各種組織形式和組織力量，協調各方面的人力、物力、財力，使其達到動態上的綜合平衡，從而獲得最佳的工作效益。

②控制與指揮能力，即領導者採取有效的控制手段，使員工按照領導者的意圖，沿著指定的方向努力，最後取得預期的結果。

③統帥與駕馭能力，即領導者透過自己的個人魅力和威信，贏得員工充分的信任和尊重，從而帶領員工向目標邁進。在這個過程中，領導者能有效掌控局勢的發展。

心得欄 _

_ _

_ _

_ _

_ _

_ _

7　巧妙分組

遊戲目的：
提高學員的組織能力，讓學員想到團隊分組的辦法。

遊戲人數：20人

遊戲時間：20分鐘

遊戲場地：室內

遊戲材料：紙和筆

遊戲步驟：

　　1. 培訓師向學員提問：將在座的20名學員平均分成兩組，你有多少種分法？答案越多越奇特越好。

　　2. 向學員分發紙和筆，讓學員用5分鐘的時間來單獨考慮這個問題，然後將答案寫在紙上。

　　3. 分組的方法多種多樣，下面是幾種方法示例。

　　⑴學員報數，按照奇偶數分。

　　⑵指定兩個組長，讓其依次挑選組員，每次只能挑一個。

　　⑶以年齡層次進行劃分。

⑷先對男子分組，再對女子分組，然後根據人數進行組合，這樣可以保證男女均衡。

4. 學員依次宣讀自己的答案，眾人依次點評。

⑴在學員宣讀自己答案的過程中，其他學員不能打斷或干擾。

⑵在點評的過程中儘量以建設性意見為主，因為每個人都喜歡被表揚。

⑶不要嘲笑他人的奇思妙想或你認為很荒誕的主意，那樣只能說明你的思維有局限性。

5. 從眾多方法中選出 3 種大家普遍認為最好的，嘗試著做一下，看效果如何。

6. 組建團隊的能力：

一個人的組織能力首先體現在組建團隊的能力上，組建團隊的能力包含以下 3 方面。

⑴**提出團隊目標和願景**

作為團隊創建者，首先要給團隊一個存在的理由，即為什麼要組建這個團隊？這個團隊的目標和任務是什麼？然後要描述出團隊的願景，即團隊未來的發展步驟是什麼？發展狀況會怎樣？而且，團隊的目標和願景越清晰越好。

⑵**制定制度、建立機制**

團隊創建者不僅要提出目標和願景，還要制定團隊制度並建立有效的運行機制。要將團隊的章程、團隊的工作制度、紀律制度、獎懲制度以及財務制度等用文字嚴謹地表達出來。同時，要建立較為完善的溝通機制、責任機制和激勵機制。

⑶**招募和選擇團隊成員**

一個優秀的團隊關鍵是要吸引一批人才。在組建團隊中，必須明確完成任務、達成目標需要什麼樣的人才，並據此挑選合適的人選。

需要明確的是，所要挑選的人才除了要具備良好的專業素質外，還要具備良好的合作意識。

培訓小故事

◎縣令買飯

南宋嘉熙年間，江西一帶山民叛亂，身為吉州萬安縣令的黃炳，調集了大批人馬，嚴加守備。一天黎明前，探報來說，叛軍即將殺到。

黃炳立即派巡尉率兵迎敵。巡尉問道，「士兵還沒吃飯怎麼打仗？」黃炳卻胸有成竹地說：「你們儘管出發，早飯隨後送到。」黃炳並沒有開「空頭支票」，他立刻帶上一些差役，抬著竹籮木桶，沿著街市挨家挨戶叫道：「知縣老爺買飯來啦！」當時城內居民都在做早飯，聽說知縣親自帶人來買飯，便趕緊將剛燒好的飯端出來。黃炳命手下付足飯錢，將熱氣騰騰的米飯裝進木桶就走。這樣，士兵們既吃飽了肚子，又不耽誤進軍，打了一個大勝仗。這個縣令黃炳，沒有親自持袖做飯，也沒有興師動眾勞民傷財，他只是借別人的人，燒自己的飯。縣令買飯之舉，算不上高明，看來平淡無奇，甚至有些荒唐，但卻取得了很好的效果。

一個優秀的管理人員，不在於你多麼會做具體的事務，因為一個人的力量畢是有限的，只有發動集體的力量才能戰無不勝，攻無不克。四兩撥千金，聰明的人總會利用別人的力量獲得成功。領導者最大的本事是發動別人做事。

8 呼啦圈比賽

ⓘ 遊戲目的：
提高學員的組織能力，讓學員在遊戲中相互協作。

Ⓢ 遊戲人數：20 人

Ⓕ 遊戲時間：40 分鐘

✈ 遊戲場地：室外空地

€ 遊戲材料：每組 1 個呼啦圈、2 個足球和 1 隻秒錶

◎ 遊戲步驟：

1. 將學員分為10人一組，為每個小組發1個呼啦圈和2個足球。

2. 各組每個成員要以最快的速度抱著兩個足球穿過呼啦圈。

3. 穿過呼啦圈的方法不限，唯一的要求是穿越的學員必須手抱足球。

4. 共進行5輪比賽，每輪比賽中間休息2分鐘，供兩組回顧和總結。

5. 5 輪比賽後，勝率最高的小組為贏，輸了的小組集體表演節目。

問題討論：

1. 小組執行的組織者是如何脫穎而出的？他為小組做出了什麼貢獻？

2. 各組的5輪比賽成績如何？是否總是在不斷進步？

3. 你如何認識組織工作在執行過程中的作用？

4. 領導者的 7 條行為準則：

⑴ **瞭解你的企業和員工**

① 你是否親自參與企業的運營？

② 你是否深入瞭解公司的真實情況和員工心理？

③ 你是否會問一些尖銳或一針見血的話，迫使手下思考問題，探索答案？

⑵ **堅持實事求是的作風**

① 你是否知道員工和下層主管都常常有意地掩蓋事實？

② 你是否可以確保在組織中進行任何談話的時候，都把「實事求是」作為基準？

⑶ **樹立明確的目標和實現目標的先後順序**

① 你是否將精力集中在幾個重要目標上？

② 你是否調整自己的視角，為組織擬定了幾個現實的目標？

③ 你是否可以為這些目標尋求一個切入點並附帶方法？

⑷ **後續跟進**

① 你是否沒有及時跟進，白白浪費了很多很好的機會？

② 你在跟進過程中做了些什麼？

⑸ **對執行者進行獎懲**

① 你是否賞罰分明，讓人們對公司做出更大的貢獻或造成很小的

損害？

②你是否提拔了真正有執行力的員工？

⑹ 提高員工的能力和素質

①你是否常把自己的知識和經驗傳遞給下一代領導者？

②你是否把與下屬的會面看成是一次次指導他們的機會？

③你是否仔細觀察一個人的行為，而後向他提供具體而有用的回饋？

⑺ 瞭解你自己

①你是否能容忍與自己相左的觀點？

②你是否能注意公司倫理，超越自己的情緒？

③你是否不夠強勢，對表現很差的員工姑息縱容？

9 疊放木板

----

i 遊戲目的：

讓學員認識到領導者的重要作用，提高學員的執行能力。

遊戲人數：10 人

遊戲時間：30 分鐘

遊戲場地：室外空地

遊戲材料： 大量 1 米長的木板和 0.5 米長的木板

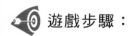 **遊戲步驟：**

　　1. 將學員等分為兩組，將長短木板和木板疊放結構示意圖（見附件）分發給兩組。

　　2. 給每組 5 分鐘的時間讓兩組根據示意圖練習疊放木板，並形成一套快速組合木板的流程。

　　3. 讓兩組進行 5 輪疊放木板的比賽，每輪比賽結束休息 1 分鐘，讓各組調整流程。

問題討論：

　　1. 在遊戲中，你印象最深刻的是什麼？

　　2. 你們小組有沒有領導者出現？你是如何看待領導者這個角色的？

　　3. 領導者在實際工作中應該如何組織人和物等資源？

4.卓越領導者的兩個方面

專業的堅持	謙虛的個性
· 創造非凡的績效，促使企業從優秀邁向卓越。	· 謙虛謹慎，不驕不躁，不愛出風頭，不自吹自擂。
· 無論遇到多大困難，都會堅持到底，盡一切努力，追求長期最佳績效。	· 沉著而堅定，用追求高標準來激勵和鼓舞員工。
· 以建立永恆而卓越的公司為目標，絕不妥協。	· 具有高度責任心，一切為了公司。
· 遇到問題和困難，不怨天尤人，而是反躬自省，承擔責任。	· 著眼於未來，慎重選擇接班人。
	· 在順境中不居功，把公司的成就歸功於同事。

附件　木板疊放結構示意圖

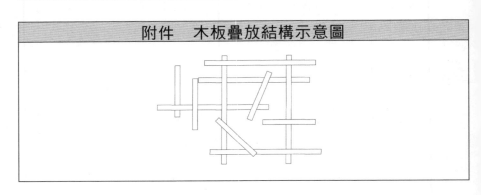

10 盲人跳高

(i) 遊戲目的：

訓練學員的指揮能力，培養學員的溝通與行動能力。

(S) 遊戲人數：12 人

(£) 遊戲時間：30 分鐘

(✈) 遊戲場地：室外空地

(€) 遊戲材料：每組若干條 2 米長的紙帶和 1 副眼罩

(◎) 遊戲步驟：

1. 將學員平均分成3組，將長紙帶和眼罩分發給各組。

2. 讓每組的兩名學員各執長紙帶的一端，保證紙帶離地面0.5米並且與地面平行。

3. 小組內的其他兩名學員，一個戴上眼罩作為執行者，另一個作為指揮者，執行者要在指揮者的指揮下從紙帶上跳過。

4. 指揮者可以透過「跑」、「加速」、「跳」、「停」等語言來指揮執行者行動。

5. 假如執行者沒有成功跳過紙帶而將紙帶撞斷，換一條新紙帶讓其重新開始遊戲。

6. 當學員能夠輕而易舉地完成任務時，就可以將紙帶上升一定的高度以增加遊戲的難度。

7. 小組內 4 人互換角色進行遊戲，直到所有的人都擔任過指揮者和執行者這兩種角色。

問題討論：

1. 作為指揮者，你是如何和執行者進行溝通的？當執行者沒有按照你的指揮去做時，你如何反應？

2. 作為執行者，你是如何根據指揮者的指揮實施行動的？

3. 在企業中，如果執行者拒絕服從會有什麼後果？

4. 團隊領導者的技能：

⑴為團隊描繪出清晰的藍圖，使每個成員為協商一致的共同的目標而工作。

⑵作建設性的批評，表揚出色的工作，也能找出成員的缺點。

⑶透過獲得有效回饋，不間斷地監督成員的工作。

⑷在團隊內部不斷進行鼓勵和組織，催生新思路，並有效地管理變革。

⑸對團隊成員堅持高標準的要求。

⑹擁有過人的技術或能力，能夠以身作則。

⑺能夠做出承諾，並信守這些承諾。

⑻樹立良好的團隊精神，為團隊提供良好的工作環境和氣氛。

⑼透過培訓和招聘新人加強發展團隊中個人和集體的技能。

培訓小故事

◎青蛙和國王

從前一群青蛙決定請求眾神之王朱庇特給他們派一個國王。朱庇特感到很有趣。

「給你們，」他說著就把一根原木「撲通」一聲扔到青蛙住的湖裏，「這就是你們的國王。」

青蛙嚇得潛入水中，盡可能往泥裏鑽。過了一會兒，一隻比較膽大的青蛙小心翼翼地遊到水面上，看看新國王。

「他好像很安靜，」青蛙說，「他也許睡著了。」

木頭在平靜的湖面上一動不動，更多的青蛙一個又一個浮上來看。他們越遊越近，最後跳到木頭上面去，完全把他們剛才害怕的情況忘記了。小青蛙把木頭當跳水板；老青蛙蹲在木頭上曬太陽；母青蛙在樹皮上教蝌蚪基本搖擺式的跳躍運動。

有一天，一隻老青蛙說：「這個國王很遲鈍，不是嗎？我想，我們要一個使我們守秩序的人當國王。這一個國王只知道躺在那兒，讓我們隨便活動。」

於是青蛙再次到朱庇特那兒去。

「難道您不能給我們一個好一點的國王嗎？」他們問，「派一個比您上次更有活動能力的人去吧。」

朱庇特的情緒不好。

「愚蠢的小動物，」朱庇特想道，「這一回我把他們應得的東兩給他們。」朱庇特派了一隻長腿鸛到湖裏去。

鸛給青蛙們留下了深刻印象，他們帶著欽佩的神情擠在週圍。不過他們還沒有準備好歡迎詞，鸛就把長嘴伸進水裏吞食他

看得見的青蛙了。

「這根本不是我們原來的意思」，青蛙喘著氣又潛入水中，鑽到水裏去。但這一回朱庇特不聽他們的話了。

「我給你們的就是你們要求的，」他說，「這也許可以告誡你們，不要多抱怨。」

一個毫無威信的領導和一個令員工敬而遠之的領導，都不是一個合格的領導。好的領導是能令員工服從，又能令員工處理好關係，使企業成為一個和諧的整體。

11 生日 U 線

ⓘ **遊戲目的：**
提高學員的組織能力，提高學員的非語言溝通能力。

Ⓢ **遊戲人數：** 15 人

Ⓛ **遊戲時間：** 15 分鐘

✈ **遊戲場地：** 不限

Ⓔ **遊戲材料：** 無

遊戲步驟：

1. 讓學員圍成一個圓圈，全體學員要按照自己真實生日（陽曆）的月份和日期按順序排列成一個U型（示意圖見附件）。

2. 在此過程中，學員不允許說話，只能透過肢體語言進行溝通。

3. 每個人用比劃手勢的方式表明自己的出生月份，按照月份先進行粗略的排序。

4. 出生在相同月份的學員，彼此透過手勢或掌上書寫等方式進行調整，進而排成正確的順序。

5. 學員站好自己的位置後，培訓師按照生日由小到大進行檢查，當發現有人站錯位置時，其後面學員將被罰表演節目。

 問題討論：

1. 是否有人主動站出來充當領導者角色？他（她）在遊戲中起了那些作用？

2. 你們是如何透過非語言溝通來完成遊戲任務的？

3. 是否有人想到培訓師教授的方法？遊戲是否是按其計劃進行的？為什麼？

4. 如何做好組織領導者（LEADER）：

L	Listen	多傾聽 多學習
E	Explain	多溝通 多說明
A	Assist	多協助 多支持
D	Discuss	多協調 多商討
E	Evaluation	多評價 多總結

R　　Response　　　多回饋　多調整

附件　生日 U 線示意圖

12　結網托物

i **遊戲目的：**
提高學員的組織能力，發揮學員集體的聰明才智。

遊戲人數： 16 人

遊戲時間： 25 分鐘

遊戲場地： 不限

遊戲材料： 大線團 2 個和易開罐 2 個

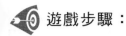 遊戲步驟：

1. 將學員平均分成兩組，給每組1個大線團和1個易開罐。

2. 讓各小組將線連接成網，並將易開罐置於所結的網上1分鐘不掉下來。

3. 小組成員要相互配合，可以用身體的任何部位將線拉成網。

4. 各組必須在 15 分鐘內完成遊戲。

問題討論：

1. 誰擔任領導者？誰擔任協助者？小組內這些角色是如何產生的？

2. 小組內部是如何溝通和協作的？

3. 如果沒有有效的組織工作，這個遊戲的結果會怎樣？

4. 組織能力的 5 個層級：

第一級：有高度才幹的個人。能運用個人才華、知識、技能和良好的工作習慣，做出有建設性的貢獻。

第二級：有貢獻的團隊成員。能貢獻個人能力，努力達成團隊目標，並且在團體中與他人合作。

第三級：可勝任的領導者。能組織人力、物力、財力等資源，有效率、有效能地追求預先制定的目標。

第四級：有效的領導者。能激發下屬熱情地追求清晰而動人的願景和更高的績效目標。

第五級：卓越的領導者。憑藉謙虛的個性和專業的堅持，建立起

持久的卓越績效。

培訓小故事

◎參觀

「啊，看到你真是高興！你從那兒來呀？」

「在新開的博物館裏逛了一兩個鐘頭，我統統都看過了，真叫人歎為觀止！要把我所看到的完完全全告訴你。屋子裏滿滿的，無奇不有。大自然的造化真是奇妙無窮：飛禽走獸，見所未見！蝴蝶呀，小小的昆蟲呀，蒼蠅，甲蟲，蜈蚣呀，一應俱全！有的像碧玉，有的像燦爛的珊瑚，還有極小極小的瓢蟲，說給你聽你也不信，簡直比針頭還要小哩！」

「你看見了大象嗎？四肢粗壯，那麼一個龐然大物，我想你一定以為是碰到一座山了。」

「啊？難道有象嗎？」

「當然有象呀！」

「象？咳，真是遺憾，象，我倒沒有留心。」

在我們做管理調研的時候，例如市場調研，可能我們細緻到市場的一個細微的角落的數字，但是偏偏錯過了問題的主要方面，使本應該得到的資料卻與我們擦肩而過。因為我們太在意那些微不足道的數字了。

第 五 章

激勵能力培訓遊戲

1 快速傳遞乒乓球

遊戲目的：
　　讓遊戲參與者體會到不同方法的執行效果，幫助遊戲參與者提升自己的方法管理能力。

遊戲人數：20 人

遊戲時間：15 分鐘

遊戲場地：室內

遊戲材料：60 個乒乓球、20 把普通勺子、4 個桶、秒錶 1 塊

遊戲步驟：

1. 量出10米的距離，在兩端各放置一個桶，並在同側的兩個桶內分別放30個乒乓球。

2. 培訓師將參與遊戲的人員分成A組、B組，每組10人，並將勺子分發到每個人的手中，告知只能用勺子傳遞乒乓球，在傳遞過程中掉落的乒乓球不記分。

3. 透過抽籤的方式，決定每組傳遞的方式，一種是小組成員只能透過自己手中的勺子來傳遞乒乓球；另一種是傳遞帶有乒乓球的勺子，並將自己手中的勺子傳遞給前一個成員。

4. 每組成員間隔單臂的距離站成一橫排，保證能夠迅速傳遞。

5. 培訓師調好碼錶時間，宣佈比賽開始。

6. 培訓師監督每組成員是否遵守比賽規則。

7. 計時 5 分鐘，遊戲結束統計乒乓球數量，並組織學員進行討論。

問題討論：

1. 那一種方式更快？快的原因是什麼？

2. 討論工作中經常遇到的工作效率問題及自己認為比較好的解決方法。

3. 方法不同，效果不同。管理者只有找到並採用最好的執行方法才能得到最佳的執行效果。

工作中最重要的是要提高效率，方法決定效率，管理者需要不斷地思考是否有更有效率的工作方法。

2 給每人頒一個獎

遊戲目的：
對每個人的表現都予以表揚，激發學員參與的熱情。

遊戲人數：8～20 人

遊戲時間：30 分鐘

遊戲場地：教室

遊戲材料：紙、筆和一些獎品

遊戲步驟：

1. 給學員每人發一張白紙和一隻筆。

2. 寫出該學員最可貴的品質或最顯著的特點，這些品質或特點在其他學員身上沒有較明顯的體現。

3. 培訓師收齊所有答案，並組織學員進行評議，根據對某人的綜合評價結果，為其設定一個獎項，並撰寫頒獎辭。

4. 有的人表現活躍，可授予氣氛營造獎；有的人珍惜時間，可授予時間管理獎；有的人有較強的組織能力，可授予卓越領導獎；有的人總是踏踏實實幹事，可授予埋頭苦幹獎。

5.為每位學員宣讀頒獎辭，並頒發獎品，勉勵其再接再厲，將優點發揚光大。

㊙ 問題討論：

激勵能力模型：

⑴按激勵對象劃分。從激勵對象的角度劃分，激勵可以分成自我激勵、團隊激勵和對下屬的激勵三種。管理者在提高自我激勵能力的同時，也要提升對團隊和下屬的激勵能力。

⑵按激勵方式劃分。有效的激勵必須透過適當的激勵方式來實現。激勵的方式多種多樣，如目標激勵、潛能激勵、信任激勵、行為激勵、感情激勵、逆境激勵等等。

⑶激勵對象與激勵方式之間的關係。激勵對象決定激勵方式，激勵方式的選擇也影響對激勵對象的激勵效果。管理者在實施激勵時要根據激勵對象合理地選擇激勵方式。

培訓小故事

◎把苦日子過甜

有一本名為《魚》的書描寫了一個部門經理將一個常年扯皮推諉、死氣沉沉的內勤部門轉變成一個全公司最高效的團隊的過程，而這一切都源於這家公司附近舉世聞名的派克街魚市，它是美國西雅圖的旅遊勝地，它以輕鬆愉快的氣氛和極富感染力的客戶服務而聞名遐邇。

在派克街魚市，市場裏沒有刺鼻的魚腥味，迎面而來的是魚販們歡快的笑聲。他們面帶笑容，像合作無間的棒球隊員，讓冰

凍的魚像棒球一樣，在空中飛來飛去。他們一邊拋著魚，還一邊相互唱著：「啊，五條鱈魚飛到明尼蘇達去了」「八隻螃蟹飛到堪薩斯去了。」當有遊客好奇地問當地魚販在這種工作環境下為什麼會保持愉快的心情時，他們說，事實上，幾年前的這個魚市場本來也是一個沒有生氣的地方，大家整天抱怨。後來，大家認為與其每天抱怨沉重的工作，不如改變工作的品質，於是，他們不再抱怨生活的本身，而是把賣魚當成一種藝術，再後來，一個創意接著一個創意，一串歡笑接著一串歡笑，他們成為了魚市中的奇蹟。

有時候，他們還會邀請顧客參加接魚遊戲，即使怕魚腥味的人，也很樂意在熱情的掌聲中一試再試。每個愁眉不展的人進入這個魚市場，都會笑顏逐開地離開，手中還會提滿了情不自禁買下的貨。

我們每個人都有自己心中的夢想及自己的理想職業，但是我們往往因為這樣或那樣的原因不能實現自己心中的理想及從事自己理想的職業。即便我們不能選擇自己喜歡的工作，但我們可以選擇自己工作的態度！我們可以抱著「枯燥、痛苦和氣憤」的態度投入一天的工作；我們也可以選擇「精力充沛、生動和帶有創意」的態度去投入一天的工作。

在同樣的外部條件下，不同的心情會導致不同的結果。當然創造輕鬆的工作氣氛不是一兩個人的事情，這需要大家共同努力。提倡輕鬆愉快的工作氣氛不等於對工作敷衍了事，而是應該認真負責，這就需要在選擇「精力充沛、生動和帶有創意」的態度去投入一天的工作，需加上「全力投入」、「為他人帶來愉快」相關因素。

3 克服恐懼

遊戲目的：
讓學員學會克服恐懼，讓學員學會自我激勵。

遊戲人數：10 人

遊戲時間：40 分鐘

遊戲場地：室外

遊戲材料：兩個相距 1 米能升降的 2×2 米的平台（升降高度在 0.5～6 米）

遊戲步驟：

1. 將兩平台的高度設置為 0.5 米，從學員中選出一名志願者，讓其登上其中一個平台。

2. 為志願者繫好保險繩，讓志願者從一個平台上跳躍到另一個平台上。

3. 每次跳躍成功後，就將平台升高 0.5 米，直到升至 6 米高。

4. 當學員產生嚴重恐懼時，可以讓學員停下來，讓其他學員來做這個遊戲。

問題討論：

　1. 你是否會隨著高度的增加而產生恐懼？為什麼會產生這種感覺？

　2. 請說出你認為人們最恐懼的事物？

　3. 請大家討論一下如何來克服這些恐懼？

　4. 人最恐懼的事物列表：

‧ 孤獨無助	‧ 公開講話	‧ 蛇蟲猛獸
‧ 黑暗煎熬	‧ 他人關注	‧ 登高俯瞰
‧ 金錢困擾	‧ 被人輕視	‧ 較大的水或火
‧ 疾病纏身	‧ 死亡威脅	‧ 人身安全

4 真心讚美

 遊戲目的：
讓學員學會欣賞他人，讓學員懂得讚美激勵。

 遊戲人數：最好為偶數

 遊戲時間：20 分鐘

 遊戲場地：室內

遊戲材料：紙和筆

 遊戲步驟：

1. 將學員分為兩人一組，為學員分發紙和筆。
2. 讓每組相互交談10分鐘，交談的內容視兩人的共鳴而定。
3. 讓每組相互寫下搭檔的優點，對搭檔進行真心讚美。
⑴學員可以就下面三個方面寫下你對搭檔的讚美。
①對方的外表談吐，例如，衣裝得體，嗓音甜美。
②對方的個人品質，例如，耐心，細心體貼。
③對方的知識技能，例如，良好的口才，知識面廣。
⑵每個方面至少寫2條。
⑶確保你所寫的都是積極的、正面的。
4. 對搭檔說出你對他的讚美。

問題討論：

1. 你在遊戲中能感受到被激勵了嗎？
2. 怎樣才能對他人做出正確的正面評價？
3. 如何透過讚美對他人實施激勵？
4. 激勵員工的 12 種方法：
⑴讚美激勵法——表揚總比批評好。
⑵尊重激勵法——每個人都有被尊重的渴望。
⑶榮譽激勵法——讓員工為榮譽而戰。
⑷興趣激勵法——將正確的人用在正確的地方。

⑸壓力激勵法——適當的壓力可以轉化成動力。

⑹環境激勵法——建立良好的工作環境和氣氛。

⑺物質激勵法——金錢是最直接的工作驅動力。

⑻晉升激勵法——給員工一個新的展示舞台。

⑼目標激勵法——有目標才會有前進的方向。

⑽情感激勵法——真情關懷每個員工及其家庭。

⑾標杆激勵法——以身作則或樹立榜樣。

⑿願景激勵法——讓員工對企業和自己充滿希望。

培訓小故事

◎辭職

1861 年 4 月 12 日凌晨 4 時 30 分，伴隨著薩姆特堡的隆隆炮聲，蓄勢已久的美國南北戰爭爆發了。戰爭爆發後，南方奴隸主率領的軍隊把薩姆特堡包圍了。北方軍隊的一個陸軍上校接到命令，讓他保護軍用的棉花，他接到命令後對他的長官說：「我不會讓一袋棉花丟失的。」

沒過多久，美國北方一家棉紡廠的代表來拜訪他，說：「如果您手下留情，睜一眼閉一眼，您就將得到 5000 美元的酬勞。」上校痛罵了那個人，把廠長和他的隨從趕出去，他說：「你們怎麼想出這麼卑鄙的想法？前方的戰士正在為你們拼命，為你們流血，你們卻想拿走他們的生活必需品。趕快給我走開，不然我就要開槍了。」

可是由於戰爭的爆發，南方農場主的棉花運不到北方，又有一些需要棉花的北方人來拜訪他，並且答應給他一萬美元作為酬勞。

　　上校的兒子最近生了重病，已經花掉了家裏的大部份積蓄，就在剛才他還收到妻子發來的電報，說家裏已經快沒錢付醫療費了，請他想想辦法。上校知道這一萬美元對於他來說就是兒子的生命，有了錢兒子就有救，可他還是像上次一樣把那個賄賂他的人趕走了。因為他已經向上司保證過，「不會讓一袋棉花丟失」。又過了些日子，第三撥人又來了，這次給他的酬勞是兩萬美元。上校這一次沒有罵他們，很平靜地說：「我的兒子正在發燒，燒得耳朵聽不見了，我很想收這筆錢。但是我的良心告訴我，我不能收這筆錢，不能為了我的兒子害得十幾萬的士兵在寒冷的冬天沒有棉衣穿，沒有被子蓋。」那些來賄賂他的人聽了，對上校的品格非常敬佩，他們很慚愧地離開了上校的辦公室。

　　後來，上校找到他的上司，對上司說：「我知道我應該遵守諾言，可是我兒子的病很需要錢，我現在的職位又受到很多誘惑，我怕我有一天把持不住自己，收了別人的錢。所以我請求辭職，請您派一個不急需錢的人來做這項工作。」他的上司聽了他的話，說：「你是一個誠實正直的好軍人，你已經戰勝了人性的弱點，出色地完成了任務。我批准你的辭職申請，但是你必須答應我一個條件，這個條件就是收下我以個人名義獎勵給你的一萬美元獎金。」

　　恪盡職守的人，往往能得到意想不到的回報。

5 進化論演示

🛈 遊戲目的：
促進學員之間的感情交流，提高學員的參與熱情和積極性。

Ⓢ 遊戲人數：16 人

Ⓕ 遊戲時間：20 分鐘

✈ 遊戲場地：不限

€ 遊戲材料：無

🎯 遊戲步驟：

1. 讓大家圍成一圈站好。

2. 所有學員都是「麻雀」，以猜拳形式（石頭、剪刀、布）進行遊戲。學員必須不斷與別人對猜，猜贏了便可升一級，猜輸了便跌一級，演變的順序為：麻雀→喜鵲→老鷹→鳳凰。

3. 學員只能和同一層次的人猜拳。

4. 各個層次的行為和動作：

⑴麻雀：蹲在地上，雙手微張。

⑵喜鵲：身體半蹲，手不停在身旁拍打。

⑶老鷹：直立身體，雙臂張開且伸展。

⑷鳳凰：退出遊戲，旁觀。

5. 當只剩下一隻「麻雀」、一隻「喜鵲」、一隻「老鷹」的時候，遊戲結束。

 問題討論：

晉升激勵：

晉升激勵就是企業領導將員工從低一級的職位提升到新的更高的職位上，同時賦予其與新職務一致的責、權、利的過程。

晉升激勵應注意以下幾個方面：

⑴**創造晉升環境**

領導者要為員工創造良好的工作環境和氣氛，使員工堅信，只要透過努力，做好優異的業績，就能夠得到向上晉級和提升的機會。

⑵**規範晉升途徑**

規範晉升途徑，就是將所有的崗位分為幾個崗位群，每一個崗位都能在自己所在的崗位群內，從下而上、一步一步地得到提升，為員工的晉升指明方向。

⑶**建立晉升階梯**

晉升階梯要指明晉升道路上有多少崗位，又是如何分佈的，從而讓員工在這條道路上可以一個崗位一個崗位地、一級一級地透過各級考核，不斷地被提升，這就為員工的職業生涯打通了一條前進的道路。

⑷**建立晉升標準**

晉升必須要有依據，這就需要有公正的、透明的和可行的晉升標準。

晉升標準主要包括以下 3 方面。

①崗位的任職資格要求，具體包括學歷、專業、專業年限、同行年限、同等職務年限等。

②崗位的能力要求，即適應這一崗位所需要具備的能力。

③績效要求，即晉升這一崗位所需達到的績效標準。

⑸實施晉升激勵

晉升激勵可以給具有較強能力的員工一個更大的施展空間，賦予他們一個較為體面的頭銜，這樣能夠減少優秀人才的流失。但是在實施晉升激勵時要三思而行，避免快速提拔造成員工對立或捧殺了「好士兵」。

6 激勵的公平性

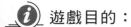

遊戲目的：

讓學員認識公平是相對的，加強學員對激勵的認識和理解。

遊戲人數：不限

遊戲時間：30 分鐘

遊戲場地：室內

遊戲材料：印有「種與收的故事」的文件若干

遊戲步驟：

1. 將印有「種與收的故事」的文件發到每位學員手中。

2. 從學員中找 6 名志願者來分別扮演故事中的角色，學員要分別扮演小母雞、牛、鴨、豬、鵝和羊村長。

問題討論：

1. 你認為羊村長的裁決是否正確？為什麼？

2. 你從這個故事中得到了什麼啟示？

3. 你是如何認識激勵的公平性問題的？

4. 激勵的 6 項原則：

⑴ 按需激勵原則

激勵必須滿足員工的需求，而員工的行為又受需求的影響。管理者必須深入地進行調查研究，不斷地瞭解員工需求層次和需求結構的變化趨勢，有針對性地採取激勵措施，才能取得實效。

員工的需求也因人而異，因時而異，存在差異性和動態性。管理者在進行激勵時不能一而貫之，只有滿足他們現階段最迫切需要的激勵，才是最有效的激勵。

⑵ 組織目標和個人目標相結合原則

設置目標是激勵機制中的關鍵環節。進行目標設置時要保證組織目標和個人目標的一致性。個人目標必須符合組織目標的要求，要避免個人目標偏離組織目標的方向。同時，目標設置還必須能滿足員工的需要，否則無法達到滿意的激勵效果。

只有將組織目標和個人目標有機結合，使組織目標包含個人目

標，個人目標的實現離不開為組織目標而付出的努力，才會產生良好的激勵效果。

⑶**物質激勵和精神激勵相結合原則**

員工的需要多種多樣，物質激勵和精神激勵相結合才能充分滿足每位員工不斷變化的需要。物質激勵是基礎，精神激勵是根本。管理者首先要滿足員工的物質需要，再逐步過渡到以精神為主的激勵。不可過度迷信其中任何一種激勵方式。

⑷**外在激勵和內在激勵相結合原則**

外在激勵和內在激勵相輔相承。外在激勵是薪資、獎金、福利和人際關係等屬於工作環境方面的激勵。而滿足團隊成員自尊和自我實現需要，從而使團隊成員更積極地工作的激勵方式被稱作內在激勵。

內在激勵產生的工作動力比外在激勵更為深刻和持久。因此，在激勵中，管理者應善於枸外在激勵與內在激勵相結合，並以內在激勵為主，力求達到事半功倍的效果。

⑸**正激勵和負激勵相結合原則**

激勵根據性質和目的可以分為正激勵和負激勵。所謂正激勵就是指對員工的符合組織目標的期望行為進行獎勵，以促使這種行為更多地出現，從而提高員工的工作積極性。所謂負激威就是指對員工的背離組織目標的非期望行為進行懲罰，以防止這種行為再次發生，從而引導員工的積極性向正確方向轉移。

正激勵和負激勵都是必要而有效的，不僅能作用於當事人，而且會間接地影響週圍其他團隊成員。但是負激勵可能會挫傷團隊成員的感情，所以，管理者在激勵時應該把正激勵和負激勵巧妙地結合起來，堅持以正激勵為主。

⑹**公平、公正原則**

公平、公正是激勵的一個基本原則。員工獲得報酬或獎勵後，將

透過橫向和縱向兩個方面的比較判斷其所得報酬的公平性。這時候，激勵的效果取決於員工的公平感。

公平、公正的激勵就是要賞罰分明，並且賞罰適度。如果不是公平、公正，獎不當獎，罰不當罰，不僅收不到預期的效果，反而會造成許多消極的後果。而完善的、可行的激勵制度是確保公平、公正的有力措施。

附件　種與收的故事
小母雞在穀場上扒著，扒出了幾粒麥子。它叫來了幾位鄰居，說：「我們現在種下這些麥子，明年就會有麵包吃了。誰來幫我種下它們？」
牛、鴨、豬、鵝都搖著頭說：「我不種。」
「那我自己種吧。」小母雞自己種下了麥子。
日子一天天過去，眼看麥子長成了，小母雞又問它的鄰居：「你們誰能幫我收麥子？」
鴨說：「我不收。」
豬說：「這不是我應該做的事。」
牛說：「那會有損我的資歷。」
鵝說：「不做雖然餓一點，但也不至於餓死。」
「那我自己做。」小母雞自己動手收麥子。
小母雞將麥子磨成面，想要烤成麵包，「誰幫我烤麵包？」小母雞問。
牛說：「那得給我薪資。」
鴨說：「我能得到一半的麵包嗎？」
豬說：「我天天忙著曬太陽，沒時間。」
鵝說：「如果就我一個人幫忙，那太不公平了。」
「那我還是自己來吧。」小母雞說。
她做好五個麵包後，鄰居們都來了，它們要求分享勞動成果。他們認為小

母雞之所以能種出麥子，是因為她在地裏找出了種子，而土地是大家的，小母雞是在大家的土地上得到種子和種植麥子的。

小母雞以這是自己的勞動所得為由，拒絕將麵包與鄰居分享。

牛叫道：「損公肥私，佔大家的便宜！」

鴨說：「殘酷吝嗇，簡直像資本家一樣！」

鵝說：「憑什麼你要獨吞，我要求平等！」

豬高喊：「我要上告，我要討個說法！」

羊村長來了，聽了大家的敘述後，對小母雞說：「你這樣做很不公平，你不應太貪婪。」

小母雞很委屈地說：「怎麼不公平？這是我的勞動所得。」

羊村長說：「確切地說，那只是理想的自由競爭制度。在穀場的每個人都應該有他該得的一份。在目前制度下，勞動者和不勞動者必須共同分享勞動成果。」

從此以後大家都過著和平的生活，但小母雞再也不種麥子了。

7　遊戲中尋找快樂

 遊戲目的：

讓學員之間充滿歡聲笑語，增進學員之間的情感交流。

 遊戲人數： 10 人

 遊戲時間： 30 分鐘

遊戲場地：不限

 遊戲材料：1 粒骰子、10 張小紙條、筆和麵粉

 遊戲步驟：

1. 將小紙條分別寫上 1～10 這十個數字，然後揉成一團，混在一起讓學員抓鬮。

2. 學員按抓到的數字，確保遊戲順序。

3. 學員按順序擲骰子，並按照遊戲規則（見附件）中點數對應的內容來進行活動。

4. 遊戲可以根據時間重覆若干次。

 問題討論：

1. 在這場遊戲中，你們的感覺如何？

2. 是否有學員會感到拘束或羞澀，你是如何鼓勵他人的？

3. 你認為在企業中，應該如何建立良好的工作氣氛？

4. 激勵員工的循環模式：

⑴**需要、動機和行為**

人的有意識的活動被稱作行為，行為是由動機決定的，而動機又是由需要支配的。有需要才可能產生動機，而動機又是行為產生的根本原因。

⑵**目標與激勵**

目標和激勵決定著行為的方向、程度和持續的時間。管理者要使

下屬產生自己所期望的行為，必須調查和瞭解下屬的真實需要，根據其需要設置目標，透過目標引導並促進下屬產生動機，並運用合適的激勵方式對下屬進行激勵。沒有目標引導的行動，儘管能滿足下屬的需要，卻不能被稱作激勵。

(3)績效與獎懲

管理者敦促下屬產生較高的績效，不僅要增強激勵的強度，而且要讓下屬明確自己的目標、方向和責任，同時還要對下屬進行必要的培訓，使其能夠提高自己的能力和技術。

根據績效的評估，管理者透過獎勵和懲罰同樣能夠產生激勵的效果，而公平的報償才會讓下屬感覺到滿意。管理者應建立公平、公正的激勵和績效體系，制訂完善、可行的制度，保證激勵能夠有效實施。

(4)滿意度

下屬滿意度的高低取決於其需要是否能夠得到充分的滿足。如果下屬的需要沒有能夠得到滿足，管理者需要重新瞭解其需要，並透過激勵方式的轉變和激勵強度的增強來提高下屬的績效。而下屬的需要得到滿足後，就會產生新的需要，管理者就要開始新的激勵。

附件　遊戲規則

點數	活動	活動內容
1	換人重來	擲骰者指定另一個人來投擲骰子，這就改變了遊戲進行的順序
2	天旋地轉	擲骰者閉上眼睛，在地上快速順時針自轉5圈，再逆時針自轉5圈
3	惟妙惟肖	擲骰者用聲音、動作等模仿某位名人或某種動物
4	哭笑不得	擲骰者大笑3聲，再大哭3聲，如此重覆3遍
5	濃妝豔抹	把麵粉塗在擲骰者臉上，在遊戲結束後才能擦去
6	矮人一截	擲骰者蹲下身子，直到下兩個人活動結束才能起身

8 寫給自己的信

🛈 遊戲目的：

讓學員充滿信心，給學員介紹一種自我激勵的好方法。

💲 遊戲人數：不限

💷 遊戲時間：15 分鐘

✈ 遊戲場地：教室

€ 遊戲材料：膠水、信封、郵票以及列印的自我約束合約格式文本（見附件）

◎ 遊戲步驟：

1. 告訴學員，將培訓中所學到的知識運用到實踐中去才是學習的最終目的。

2. 向學員簡要介紹訂立自我約束合約的內容和必要性。

⑴這份合約是對自我的一個承諾，要求自我一定要有所改變。

⑵合約應包含對自我問題的清醒認識，知道問題的後果和嚴重性。

⑶合約包含了自我改變的決心。

⑷合約應有自我的宣言或者鄭重承諾。

3. 將自我約束合約格式文本(見附件)分發給學員，讓大家用5分鐘的時間填好合約，並裝入信封，寫好自己的地址，封好口，貼上郵票。

4. 培訓師收齊學員的信件，等 2 個星期後把信寄出。

5. 自我激勵的 7 個方面：

⑴制定目標，並對目標合理分解

很多人之所以缺乏自我激勵的動力，是因為他們的目標模糊不清，缺乏吸引力，並遙不可及，從而使自己失去動力。自我激勵要持續發揮作用，就必須將最終目標分解為多個階段目標，並將階段目標再次分解為每日的目標，這樣就使目標變得觸手可及。

⑵進行適當的獎勵和懲罰

當自己能夠按照預定的目標完成階段性的工作任務和計劃時，可以對自己進行小小的獎勵，如美餐一頓、看一場電影等，以此不斷鼓舞自己；而當自己沒有達成預定目標時，就要進行小小的懲罰，例如每天多看一會兒書，少買一件衣服等，從而鞭策自己不斷地朝著最終目標努力。

⑶為自己選擇一個競爭對手

競爭的魅力在於能夠達到優勝劣汰的效果。想要保持每天都有激昂的鬥志，那就需要從戰勝自己的競爭對手開始。在不斷超越別人的同時，也就能超越自己。

⑷激發對危機和挑戰的興趣

許多人樂於迎接挑戰，是因為在危機和挑戰中蘊含著機遇。如果把困難看做對自己的詛咒，就很難在工作中找到動力，而如果學會了把握困難所帶來的機遇，自然就會動力陡生。

⑸把握好自己的情緒

人開心的時候，體內就會發生奇妙的變化，從而獲得新的動力。但是，不可總想著在自身之外尋找開心的情緒，其實真正快樂的源泉來自自己本身。情緒失落的時候，沖杯咖啡、聽聽音樂、向別人訴說都有利於調整自己的情緒，保持良好的狀態。

⑹恰當利用痛苦和失敗進行刺激

在自我激勵不足的時候，想想失敗後別人對自己的看法和態度，回憶一下自己曾經的痛苦和遭受過的苦難，就會警醒，從而激發工作的鬥志，以達到自我激勵的效果。

⑺遠離「不和諧」的言行

在自我激勵的過程中，要學會恰當地應對週圍環境對自己的影響，從而避免別人的消極言行對自己造成的負面影響，如自己的信心和行動。

附件　自我約束合約格式文本
我正確地認識到自己存在＿＿＿＿＿＿＿＿＿＿＿問題。這些問題將會給我帶來＿＿＿＿＿＿＿＿＿＿＿的後果。 　　因此，我鄭重承諾：本人將在＿＿＿天的時間內，改掉以上毛病。同時力爭做到＿＿＿＿＿＿＿＿＿＿＿＿＿＿＿。如果我做到了，我將獎勵我＿＿＿＿＿＿＿＿＿。 　　　　　　　　　　　　　　　　　　簽名： 　　　　　　　　　　　　　　　　　　日期：

9 自我認識

🛈 遊戲目的：

讓學員學會自我欣賞，讓學員變得更加自信。

🛈 遊戲人數：不限

🛈 遊戲時間：20 分鐘

🛈 遊戲場地：室內

🛈 遊戲材料：筆和印有問題的自我認識表

🛈 遊戲步驟：

1. 向學員分發自我認識表和筆。

2. 讓學員在8分鐘內寫下問題的答案。

3. 大家要在輕鬆的氣氛下公開信息。

4. 鼓勵每個人公開自己的真實信息。

5. 每個學員要對剛公開信息的學員進行客觀的評價。

6. 對他人的評價要以正面評價為主，不能使用嘲諷或消極性語言。

問題討論：

十大激勵定律：
- 確信自己有無限的激勵潛能
- 顯露出你的企圖心
- 支援組織或上級所定的目標
- 確保目標合理可行
- 信賴自己的下屬
- 激勵方法因人而異
- 物質激勵和精神激勵相結合
- 激勵要保證公平公正
- 經常變換激勵方式
- 越公開越好

附件　自我認識表	
以下問題請簡要回答，回答不要超過 20 字。	
你認為自己的最大成就是什麼？	
曾給你帶來最大快樂的是什麼？	
在你現有的東西中，最珍貴的是那個？	
你曾讀過的最好的小說是那本？	
你喜歡看電視中的那些節目？	
6. 你最欽佩的人/你的偶像是誰？	
7. 你最喜歡做什麼事情？	

10 心理暗示

遊戲目的：

讓學員瞭解心理暗示的作用，讓學員知道可以透過心理暗示進行自我調解。

遊戲人數：不限

遊戲時間：10 分鐘

遊戲場地：不限

遊戲材料：無

遊戲步驟：

1. 讓學員把雙手交叉握在一起，食指伸直，平行停在相距4釐米的地方。

2. 讓學員用眼睛注視自己的手指，培訓師要用緩慢的語速向學員敘述：「有一根橡皮筋套在你的兩個食指上，它讓你感覺到了向中間的拉力，這種拉力越來越大，你的食指被拉得越來越近、越來越近……」

3. 讓學員看自己的手指是否向中間移動了一些，告訴他們最少應

該有一半的人會根據感覺做出反應。

 問題討論：

1. 為什麼你的食指會不由自主地向中間靠近？

2. 你是如何來認識心理暗示的？

3. 你的身邊是否發生過心理暗示引導行為的事例？是什麼事例？

4. 暗示效應：

⑴什麼是暗示效應

暗示效應是指在無對抗的條件下，用含蓄、抽象誘導的間接方法對人們的心理和行為產生影響，從而誘導人們按照一定的方式去行動，或接受一定的意見，使其思想、行為與暗示者期望的目標相符合。

⑵如何利用暗示效應進行心理調節

生活在社會中的每一個人，其實都經常使用著暗示，或暗示別人，或接受別人的暗示，或進行自我暗示。暗示對人的作用是很大的。

積極作用：積極的心態，如熱情、激勵、贊許或對他人有力的支持等等，使他人不僅得到積極的暗示，而且還可以得到溫暖，得到戰勝困難的力量。

消極作用：消極的心態，如冷淡、洩氣、退縮、萎靡不振等等，則會使人受到消極暗示的影響，使人承受的不僅僅是暗示帶來的痛苦與壓力，而且還會波及到人的身體健康。

因此，在日常生活中，一定要認真對待各種語言暗示、行為暗示、信譽暗示、情境暗示、表情與動作暗示等。當我們感覺到來自他人的暗示，甚至已經因此而導致自己身心發生改變時，一定要注意分析暗示的來源、原因以及對自己的作用，盡量做到接納積極暗示，摒棄消

極暗示。

　　在我們與他人交往時，如果發現他人有可能受到自己的暗示，也要注意暗示的方式和程度，儘量使他人接受積極的、適度的暗示，防止因為暗示而導致他人心理甚至行為方面出現不必要的問題。

培訓小故事

◎兩頭鳥

　　從前，有個國家的森林裏，餵著一隻兩頭鳥，名叫「共命」。這鳥的兩個頭「相依為命」，遇事向來兩個「頭」都會討論一番，才會採取一致的行動，例如到那裏去找食物，在那兒築巢棲息等。

　　有一天，一個「頭」不知為何對另一個「頭」發生了很大誤會，造成誰也不理誰的仇視局面。

　　其中有一個「頭」，想盡辦法和好，希望還和從前一樣快樂地相處。另一個「頭」則眯也不眯，根本沒有要和好的意思。

　　如今，這兩個「頭」為了食物開始爭執，那善良的「頭」建議多吃健康的食物，以增進體力；但另一個「頭」則堅持吃「毒草」，以便毒死對方才可消除心中怒氣！和談無法繼續，於是只有各吃各的。最後，那隻兩頭鳥終因吃了過多的有毒的食物而死去了。

　　在一個公司內，每個組織之間的關係就好像是個大家庭，成員中的兄弟姐妹，應該和和氣氣，團結一致。若發生什麼不愉快的事，大家應開誠佈公地解決，不應將他人視為「敵人」，想盡辦法敵視他。因為大家都在同一家公司內服務，一旦某個組織潰不成軍時，其他組織也將深受其害。親密是介於組織、主管和員工之間的一條看不見的線。有了親密感，才會有信任、犧牲和忠貞。

11 消極性言語

遊戲目的：

說明了消極的自我表達會挫傷自己的工作積極性，讓學員懂得要避免使用消極性言語。

遊戲人數：最好為偶數

遊戲時間：20 分鐘

遊戲場地：不限

遊戲材料：紙和筆

遊戲步驟：

1. 把紙和筆分發給每一位學員，讓學員回憶並在紙上記錄下自己所遇到過的困難和曾遭受過的打擊，最少寫下10個。假如學員所記得的數量沒有達到10個，也可以杜撰幾個。

2. 將學員分為兩人一組，作為搭檔的兩人相互訴苦，即一個人先發表一句消極性言語，之後另一個人也發表一句消極性言語。消極性言語多種多樣，可以將學員所寫的困難與一句消極的話搭配，具體如下。

Ａ：我被老闆罵了一頓！還有什麼比這個更糟糕嗎？

Ｂ：我被客戶趕出了門！還有什麼比這個更糟糕嗎？

Ａ：我完不成這個月的任務了！還有什麼比這個更糟糕嗎？

Ｂ：我沒有了工作！還有什麼比這個更糟糕嗎？

3. 即使寫下的困難已經說完，也可以讓他們臨時編造一些消極言語繼續進行，直至感到言語變成荒誕為止。

4. 重新分組並再次進行遊戲。

 問題討論：

1. 你們平時會有類似的消極言語嗎？

2. 消極的言語對自己和他人會有什麼影響？

3. 你認為應該如何抑制消極性言語的產生？

4. 卡耐基對笑的理解：

俄亥俄州辛辛那提一家電腦公司的經理經理為了替公司找一位電腦博士而奔波，這幾乎要了他的命。最後他找到了一個非常好的人選——一個剛要從普渡大學畢業的學生。幾次電話交談後，他知道還有其他幾家公司也希望那位學生去任職，而且都比他的公司大並且有名。當學生接受這份工作時，他感到非常高興。開始上班後，他問那名學生，為什麼放棄其他的機會而選擇他的公司。這名職場新人想了一下然後說：「我想是因為其他公司的經理在電話裏都是冷冰冰的，商業味很濃，我覺得好像只是在做一次生意上的往來而已。但你的聲音，聽起來似乎你真的希望我能夠成為你們公司的一員。你可以相信，我在聽電話時是笑著的。」

美國最大的橡膠公司的一名董事長說，根據他的觀察，除非一個人對自己的事業很有興趣，否則他將很難成功。這位實業界的領袖，

對那句單靠十年寒窗就可成名的古語，並不是那麼認可。「我認識一些人，」他說，「他們成功了，這是因為他們創業的時候滿懷興致。後來，我看到這些人變成了工作的奴隸，人也無聊起來。那時他們對工作一點興致也沒有了，因此也就失敗了。」

你見到別人的時候，一定要愉快，如果你也期望他們很愉快地見到你的話。

12 動機練習

遊戲目的：
動機的理解，激勵的理解，瞭解激勵的正確方法。

遊戲人數： 不限

遊戲時間： 10 分鐘

遊戲場地： 教室

遊戲材料： 用於貼在椅子下面的幾張一元的鈔票

遊戲步驟：

1. 字典上對動機定義為「發自內在的，而非來源於外在的做某事

的想法」。

2. 對學員說：「請舉起你們的右手」。過一會，謝謝大家，問他們「你們為什麼舉手？」回答會是：「因為你要我們這麼做」或是「因為你說請」。

3. 得到 3 至 4 個答案後，說「請大家站起來，並把椅子舉起來。」

4. 絕大多數的情況下，沒有人會採取行動。講師繼續說：「如果我告訴你們，在椅子下有鈔票，你們會不會站起來並舉起椅子看看？」

5. 絕大多數人仍然不會行動，於是講師說：「好吧，我告訴你們，有幾張椅子底下真的有錢。」（通常 2 至 3 個學員會站起來，然後很快，所有人都會站起來。）於是有人找到了紙幣，叫著：「這裏有一張！」

 問題討論：

1. 為什麼第二次請你做事時，要花費更多的努力？

2. 錢是否能激勵你（強調指出金錢並非總是人們的動機所在）？

3. 激勵人們的惟一正確方法是什麼？激勵人們的惟一正確方法是，讓他們自己想去做。除此以外，別無它法。

13 扮演飛虎隊

🛈 遊戲目的：

增強自信心和團隊凝聚力，瞭解團隊的幫助和鼓勵對成員的作用。

🛈 遊戲人數：8 人一組

🛈 遊戲時間：30～40 分鐘

🛈 遊戲場地：室外

🛈 遊戲材料：專業的繩索、安全用具等

🛈 遊戲步驟：

1. 由學員扮演飛虎隊的隊員。現在有一項緊急任務，執行過程中需要飛虎隊員從 3～4 層樓高的牆外縱身躍到地面。

2. 所依靠的工具只有專業的繩索和安全用具。

3. 特別注意事項：本活動屬於高難度、高危險、專業的戶外拓展項目，必須由戶外專業教練來指導及帶領，而且需要專業的安全用具來進行保護，故不贊成培訓師自己操作。

問題討論：

1. 當你聽說要做這樣一個遊戲時，第一個念頭是什麼？
2. 當你站在上面時有什麼想法？隊員們的鼓勵是否起作用？
3. 當你做到之後，感受怎樣？

培訓小故事

◎每人只要提高 1%

　　1986 年美國職業籃球聯賽開始之初，洛杉磯湖人隊士氣不旺。原因是他們在前一年輸給了凱爾特人隊，失去了王座。這時候，教練派特告訴大家，只要 12 個隊員每個人在球技上能提高 1%，那麼，整個球隊就能提高 12%。結果，由於大家從這 1% 的要求中看到了希望，所以訓練熱情很高，大部份隊員提高不止 5%，有的甚至達到 50%。湖人隊因此輕而易舉地奪得冠軍。

　　有時候，你把「提高」的標準「分開」之後，更容易令人接受並達成。

14 拋開煩惱

🛈 遊戲目的：

　　幫助與會人員找到幾種對付各自問題和煩惱的辦法，遇到突發事件的應變能力，集體智慧的發揮和信任他人。

Ⓢ 遊戲人數：不限

Ⓕ 遊戲時間：5～10 分鐘

✈ 遊戲場地：不限

€ 遊戲材料：紙、鉛筆、空盒子或其他容器

◎ 遊戲步驟：

　　1. 向與會人員宣佈他們現在有一個機會來「拋開」他們的煩惱。

　　2. 請與會人員想出一個與正在探討的議題有關的問題或煩惱。（如果想不出也可以隨意說一個問題。）

　　3. 請他們寫下他們各自的問題，無須署名，然後把紙揉成一團，丟進一個容器（放在房間角落）裏。如果與會人員較多，則在房間裏多放幾個容器。

　　4. 所有紙團都丟進容器後，請一位與會者揀起一個紙團，扔給房

間內的任意一個人。

　　5. 接到紙團的人把紙團展開，大聲讀出上面寫的問題。

　　6. 由接到紙團的人和其左右各一個人形成一個三人小組，給他們「30 秒的中場休息時間」來討論可能的解決方式或答案。請其他人在這段時間寫下兩到三個答案或應對辦法。

　　7. 先請三人小組說出他們的答案，再請其他可以提供幫助的人說出答案。

　　8. 如果時間允許，可以重覆這一步驟。

 問題討論：

　　1. 為什麼無法解除煩惱？

　　2. 解除煩惱的方法有那些？

　　3. 記住：不要用普通的廢紙簍，除非裏面是空的。不要完全把自己封閉起來，有的時候你也需要別人的幫助；同時自己也要準備去幫助別人。

15 神秘人物的神秘禮品

遊戲目的：

鼓勵新來的人結識「老會員」，並儘快融入集體之中，有效學習及工作技巧。

遊戲人數：5～10 人一組

遊戲時間：3～5 分鐘

遊戲場地：不限

遊戲材料：用作獎品的現金

遊戲步驟：

1. 事先秘密指定某人充當神秘先生或神秘女士。

2. 在會議開始之前或進行期間突然宣佈：「與神秘人物握手，他會給你一元。」（或者「逢十的握手者，即第十個或第二十個、第三十個與神秘人物握手的人，可得五元」等等。）

問題討論：

1. 為什麼我們不願結識新人？
2. 物質刺激對你的行為方式的影響是什麼？
3. 可以有效地幫助我們打破緘默，開始談話的話題有那些？
4. 每次結識新人都是對我們「推銷」自己、瞭解別人的挑戰，因此很多人不太願意接受這個挑戰。在物質或其他某些因素的刺激下，人們往往可以結識更多的人，跟他們隨便聊聊。結識新朋友常常可以給你帶來意想不到的好處和方便。

16 你屬於那一類員工

 遊戲目的：
鼓勵新員工事先想好要在公司內扮演什麼樣的角色。

 遊戲人數：不限

 遊戲時間：5 分鐘

 遊戲場地：不限

遊戲材料： 三個玻璃杯、兩片阿司匹林、兩片溴化片、兩片鹼片和一條擦拭用的毛巾

遊戲步驟：

1. 在三個玻璃杯裏分別倒進 3/4 杯左右的水，把杯子放在所有人都能看見的桌子上。在第一個杯子裏放兩片阿司匹林。向與會人員說明，這裏沒有可見的反應，就像「無所作為」的員工。

2. 把兩片溴化片放進第二個杯子。向與會人員說明，這類員工起初滿懷工作熱情，但很快就失去了這股勁頭。

3. 把兩片鹼片放進第三個杯子。向與會人員說明，這類員工雖非出類拔萃，工作業績卻相對平穩，因而也最受歡迎。

問題討論：

1. 在你的公司，根據你的初步觀察，最受歡迎的員工一般是那種類型的員工？他們有些什麼樣的共同特徵？

2. 為什麼第三類員工是最受歡迎的？

3. 公司的發展在於點滴的持之以恆的優勢積累，只有腳踏實地的員工才能真正和公司一同成長。

17 銷售代表測試

遊戲目的：

讓與會人員用一種幽默的方式對他們自己的專業知識和工作給予肯定，專業技巧的應用。

遊戲人數： 不限

遊戲時間： 5 分鐘

遊戲場地： 不限

遊戲材料： 無

遊戲步驟：

1. 語氣輕鬆地告訴與會人員，你打算主持一次銷售代表測試。

2. 請大家把右手放在水準桌面上，掌心向上，手指伸展開，僅讓中指的關節緊貼在桌面上。

3. 告訴他們你要問四個簡單的問題。如果答案為「是」，他們應該透過舉起拇指或你指定的某一手指來表示。

4. 開始提問四個問題：

⑴「從你的拇指開始。你是否從事過銷售工作？如果是，把你右

手的拇指舉高。」

⑵「好，拇指放下。現在輪到小拇指了。你是否擁有一份有趣的工作？如果是，把小拇指舉起來。」

⑶「現在輪到食指了。你是否喜歡自己所從事的工作？如果是，把食指舉起來。」

⑷「謝謝。所有的手指放回原位，現在問最後一個問題。用無名指，誠實地回答我，你是否真的擅長做這份工作？如果是，舉起無名指。」

5. 人們可能會立刻笑起來，這說明如果他們把中指的關節和其他手指貼在平面上，要想單單把無名指舉起來，實際上是極為困難的。

問題討論：

1. 這個遊戲說明了什麼問題？

2. 你認為自己還有那方面的專業技能？

3. 測試的題目稍作修改，即可適用於其他不同工作類型的群體。這個測試主要是增強學員的自信心。

培訓小故事

◎遲到

那年她剛從大學畢業，分配在一個離家較遠的公司上班。每天清晨 7 時，公司的專車會準時等候在一個地方接送她和她的同事們。

一個驟然寒冷的清晨，她關閉了鬧鐘尖銳的鈴聲後，又稍微懶了一會兒暖被窩——像在學校的時候一樣。她盡可能最大限度

地拖延一些時光，用來懷念以往不必為生活奔波的寒假日子。那是一個清晨，她比平時遲了五分鐘起床。可是就是這區區五分鐘卻讓她付出了代價。

那天當她匆忙中奔到專車等候的地點時，到達時間已是 7 點 05 分。班車開走了。站在空蕩蕩的馬路邊，她茫然若失。一種無助和受挫的感覺第一次向她襲來。就在她懊悔沮喪的時候，突然看到了公司的那輛蘭色轎車停在不遠處的一幢大樓前。她想起了曾有同事指給她看過那是上司的車，她想真是天無絕人之路。她向那車走去，在稍稍一猶豫後打開車門悄悄地坐了進去，並為自己的聰明而得意。為上司開車的是一位慈祥溫和的老司機。他從反光鏡裏已看她多時了。這時，他轉過頭來對她說：「你不應該坐這車。」

「可是我的運氣真好。」她如釋重負地說。

這時，她的上司拿著公事包飛快地走來。待他在前面習慣的位置上坐定後，她才告訴他的上司說：「班車開走了，想搭他的車子。」她以為這一切合情合理，因此說話的語氣充滿了輕鬆隨意。

上司愣了一下。但很快明白了一切後，他堅決地說：「不行，你沒有資格坐這車。」然後用無可辯駁的語氣命令：「請你下去！」

她一下子愣住了。這不僅是因為從小到大還沒有誰對她這樣嚴屬過，還因為在這之前她沒有想過坐這車是需要一種身份的。當時就憑這兩條，以她過去的個性是定會重重地關上車門以顯示她對小車的不屑一顧，然後拂袖而去的。可是那一刻，她想起了遲到在公司的制度裏將對她意味著什麼，而且她那時非常看重這份工作。於是，一向聰明伶俐但缺乏生活經驗的她變得從來沒有過的軟弱。她近乎用乞求的語氣對上司說：「我會遲到的。」

「遲到是你自己的事。」上司冷淡的語氣沒有一絲一毫的迴旋餘地。

她把求助的目光投向司機，可是老司機看著前方一言不發。委屈的淚水終於在她的眼眶裏打轉。然後，她在絕望之餘為他們的不近人情而固執地陷入了沉默的對抗。

他們在車上僵持了一會兒。最後，讓她沒有想到的是，他的上司打開車門走了出去。

坐在車後座的她，目瞪口呆地看著有些年邁的上司拿著公事包向前走去。他在凜冽的寒風中攔下了一輛計程車，飛馳而去。淚水終於順著她的臉腮流淌下來。老司機輕輕地歎了一口氣：「他就是這樣一個嚴格的人。時間長了，你就會瞭解他了。他其實也是為你好。」

老司機給她說了自己的故事。他說他也遲到過，那還是在公司創業階段，「那天他一分鐘也沒有等我也不要聽我的解釋。從那以後，我再也沒有遲到過。」他說。

她默默地記下了老司機的話，悄悄地拭去淚水，下了車。那天她走出計程車踏進公司大門的那一刻，上班的鐘點正好敲響。她悄悄而有力地將自己的雙手緊握在一起，心裏第一次為自己充滿了無法言語的感動，還有驕傲。

從這一天開始，她長大了許多。

優秀的管理者一定是有自我原則的人，教育員工最有效的方式是自己首先要對自己嚴格。

18 99.9%夠了嗎

i 遊戲目的：

　　有一種觀點，認為「99.9%對我來說已經夠好的了」或者「顧客對 99.9%已經滿足了」。促使與會人員思考這種心態對自己產生的不良影響。

$ 遊戲人數：不限

£ 遊戲時間：5 分鐘

✈ 遊戲場地：不限

€ 遊戲材料：事先準備好的複印資料

◆ 遊戲步驟：

　　1. 問與會人員，如果他們奉命去主管一條生產線的話，什麼樣的品質標準他們可以接受？品質標準用合格品佔全部產品的百分比來表示。

2.用舉手的方式來統計一下他們可以接受的品質標準。例如：

水準(%)	接受的人數
90	
95	
96	
97	
98	
99	

3.告訴他們，現在有些公司正在努力把不合格率降到僅為 1%的 1/10 即 99.9%的品質合格率！問他們是否認為 99.9%的合格率就已經足夠了。

4.逐步舉出一組令人震驚的統計數字，(複印資料上的數字)說明即使是 99.9%的合格率也會造成一些嚴重的不良後果。

5.告訴他們，摩托羅拉(Motorola)的承諾是達到「六星級」的品質標準——在每一百萬件產品中，不合格品應少於三件！！！

6.把複印資料分發給每個成員。

 問題討論：

1.你是否仍然對 99.9%的合格率感到滿意？

2.我們的顧客是否會對此標準感到滿意？

3.沒有最好，只有更好；努力追求 100%。

如果 99.9%已經夠好的話，那麼……

每天會有 12 個新生兒被錯交到其他嬰兒父母手中。

每年會有 11.45 萬雙不成對的鞋被裝船運走。

每小時會有 18322 份郵件投遞錯誤。

今年會有 200 萬份文件被美國國內稅務局（IRS）弄丟。

250 萬本書將被裝錯封面。

每天會有 2 架飛機在降落到芝加哥奧哈拉機場（O'Hare airport）時，安全得不到保障。

《韋氏大詞典》將有 315 個詞條出現拼寫錯誤。

今年會有 2 萬個誤開的處方。

將有 88 萬張流通中的信用卡在磁條上保存的持卡人信息不正確。

一年中將有 103260 份所得稅報表處理有誤。

將有 550 萬盒軟飲料品質不合格。

291 例安裝心臟起搏器的手術將出現失誤。

明天將有 3056 份《華爾街日報》內容殘缺不全。

19 有趣的告示牌

遊戲目的：

用一種新方法來促使與會人員團結在一起，把重要信息與他人一起分享，培養新員工之間如何交流，獲得信息的途徑。

遊戲人數：不限

遊戲時間：5～10 分鐘

遊戲場地：不限

 遊戲材料：每人發一張紙和一隻粗頭墨水筆，透明膠帶

 **遊戲步驟：**

1. 問兩三個關於與會人員個人的問題。把問題用幻燈片或掛圖展示給大家看。問題舉例如下：

⑴你最愛吃什麼？

⑵你的寵物最惹人生氣的是什麼？

⑶你近期讀過的最好的書是什麼？

⑷你一直喜愛的影片是什麼（或者你一直喜愛的男演員或女演員是誰）？

2. 給每位與會人員發一張紙和一隻粗頭墨水筆，請他們把自己的姓名寫在紙的頂端，然後寫出其中兩三道問題的答案。

3. 現在（這可能會引起一陣笑聲）請與會人員用透明膠帶彼此幫助把答案紙貼在肩頭（這樣他們看上去就像活動告示牌）。

4. 請與會人員全體起立，在房間內自由走動，弄清楚誰是誰。鼓勵他們進一步探討別人寫下的答案。

問題討論：

1. 你對這打破僵局的遊戲有何感想？

2. 現在我們已經把這個遊戲做過一次了，如果我們晚些時候再做一次這個遊戲的話，你想知道（並分享）那方面的信息？

3. 透過找到自己與他人的共同之處，從而進行順利的交往；透過順利的交往，獲得你想得到的信息，並有可能得到更多的信息。

20 少一把椅子

 遊戲目的：
幫助與會人員在午飯後振作精神。

 遊戲人數： 不限

 遊戲時間： 3～10 分鐘

 遊戲場地： 不限

 遊戲材料： 問題卡片、音樂、象徵性的獎品

 遊戲步驟：

1. 準備一些關於本團體或會議議題的問題（一張卡片上寫一個短問題）。

2. 把所有多餘的椅子都搬出去，另外再多搬出去一把椅子。

3. 把會議室按照你最喜歡的方式佈置好，在每一把椅子旁都留出足夠的空間。

4.給與會人員講一下遊戲規則：在你播放節奏明快的音樂時，讓他們繞著房間走動。20～30 秒後，音樂停止。這時與會人員應該去爭搶椅子，給那個因為沒搶到椅子而站在一旁的幸運兒一張卡片，請他回答上面的問題。

5.再搬走一把椅子，遊戲繼續。進行五六個回合。

6.遊戲結束後，向答題者發獎（盒帶、糖果、手冊等），然後告訴他們，從長遠觀點看，貌似輸家的人其實經常是贏家。

培訓小故事

◎天鵝、狗魚和蝦

有一次，天鵝、狗魚和蝦，一起想拉動一輛裝東西的貨車，三個傢伙套上車索，拼命用力拉，可車子還是拉不動。車上裝的東西不算重，只是天鵝拼命向雲裏衝，蝦儘是向後倒拖，狗魚直向水裏拉動。究竟那個錯？那個對？用不著我們多講，只是車子還停留在老地方。

員工之間不協調，工作就施展不好，只會把事情弄糟，引起痛苦煩惱。領導者的智慧所在，即能妥善分配員工的工作，並協調他們之間的合作。無論一個公司的金錢、機器和材料的總和多麼強大，如果沒一隻願意進行思考和清醒的人們組成的隊伍可以使用，他們只不過是一堆不會產生成果的僵死物質。

21 開會「休息」

遊戲目的：

在長時間的會議中給予與會人員一些自然的休息機會，緩和緊張的氣氛。

遊戲人數：不限

遊戲時間：1～5 分鐘

遊戲場地：不限

遊戲材料：無

遊戲步驟：

1. 在會議剛開始時，從自願承擔這項工作的人中選出一兩個「休息經理」。告訴與會人員休息經理將有權決定與會人員在何時休息。

2. 只要休息經理認為與會人員已有點疲憊，或者你的發言已變得有點沉悶時，他們就可以站起來。這意味著其他人也可以隨之起立（如果他們願意的話），用 30 秒時間舒展一下身體。

3. 在休息經理和其他人起立時，你就暫時停止發言。這通常能在與會人員中製造出一種幽默善意的氣氛，有時還能給他們一個機會

（用善意的方式），告訴你已經講跑題了。

4. 在長時間的發言中，在第二次或第三次站起來休息時，鼓勵與會人員「輕拍」，也就是按摩自己的後頸、雙腿、雙臂等部位，舒展、放鬆身體。這會幫助他們感到更加清醒，更加富有活力。

5. 如果發言時間非常長，在第三次或第四次站起來休息時，鼓勵與會人員「輕拍」或按摩另一個人的肩或背。儘管有些性情拘謹的人不喜歡參加到這種按摩中來，但對於大多數與會人員來說，這卻是一項有趣並且能夠振作精神的活動。

22 樂隊總指揮

遊戲目的：

在與會人員結束了緊張的活動或討論，或者被動地聆聽了講座或觀看了光碟之後，給他們一個放鬆的機會。

遊戲人數：不限

遊戲時間：6 分鐘

遊戲場地：不限

遊戲材料：答錄機和音樂盒帶

遊戲步驟：

1. 選擇一個大家看起來特別無精打采的時候，給他們一種獨特的休息方式（不用咖啡，也不用休息室）。請所有與會人員起立，在身邊留出足夠的空間，以免在自由揮動手臂時彼此碰撞。

2. 對他們說，他們已經贏得了樂隊指揮的權力，將在隨後的 5 分鐘裏指揮舉世聞名的費城交響樂團。你還可以告訴他們，據說模仿指揮是放鬆情緒和鍛鍊身體（尤其是對心血管系統）的絕佳方式。

3. 播放一段選曲，請他們伴隨音樂進行指揮。

4. 選取的音樂應該是節奏明快的，以刺激人們在指揮時的活力，蘇澤的進行曲或者施特勞斯的圓舞曲效果很好，而且在速度和音量上有變化的曲子通常會有助於人們變換指揮方式。

5. 幻想自己在指揮一個龐大的樂團會帶給人以振奮的力量，同樣讓人們幻想自己是一個名人，並朝他的方式走去，這還有助於人們走向成功。

 問題討論：

1. 指揮一個樂團感覺如何？

2. 有多少人想在回家之後從自己收集的音樂盒帶中選一些來類比指揮？

3. 指揮樂團使人得以揮舞雙臂，擺動身體，從而重新變得生機勃勃，但在其他情況下是做不出這一舉動來的。這說明了什麼？

培訓小故事

◎心思齊才能扭虧為盈

美國聯合航空公司是一個管理科學化程度極高的大公司。但卻曾出現過年虧損 5000 萬美元的局面。

為了扭轉局面，公司聘請了一位叫卡爾森的人接任了公司總裁職務。這位卡爾森原先只是一位管理大酒店的行家，對於航空公司，他是一點也不懂。他上任之後，經過認真研究後認為，出現危機的根本原因是，原管理者過於依賴科學技術，忽視了人與人之間的直接聯繫與和諧相處。於是，他在堅持科學管理的同時，一年行程 20 萬英里，一下飛機就與員工握手交談，讓員工們都認識他，並講出自己的心裏話。正是這種以人為本的管理方法，使公司氣氛很快和諧起來；各部門之間的聯繫與銜接也更加緊密了。人們提出了許多合理化建議。很多久拖不決的問題都得到了解決。經過一段時間，公司果然扭虧為盈。

在這裏，卡爾森的成功似乎很簡單。瞧瞧，坐飛機到處走，每到一個地方就和員工們握握手，聊聊天。這有什麼呀？誰不會？是的，誰都會。可關鍵是，誰也沒想到，就只有他想到了。他透過在公司各個部門之間的走動、握手和聊天(也許還包括一些別的活動)，完成了公司內部人與人之間「情感」的「銜接」，從而構成了內部的「和諧」。對於這家一向冷冰冰的航空公司人來說，這真是雪中送炭。過去，他們一向在高科技管理之下，忽略了「和諧」、「情感」和「銜接」這幾個觀點。一旦這些思維盲區得以點化，公司上下自然就整和起來了。

團隊的和諧、合作是形成團隊合力最大的根本。

23 有好想法要共享

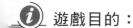 **遊戲目的：**
激發與會人員想出一系列主意，鼓勵所有人都參加到活動中來。

遊戲人數： 不限

遊戲時間： 3 分鐘

遊戲場地： 不限

遊戲材料： 三套教學用的抽認卡（規格為 5 英寸×8 英寸的卡片），每套都寫上從 1 到 10 的編號

遊戲步驟：

1. 預先通知與會人員，來參加下次會議時每人都必須帶上至少一個主意、練習或者活動等。這些主意、練習和活動等都應該圍繞著一個中心主題（如怎樣改進品質、降低成本、獎勵出色的業績等等）。

2. 預先挑選出三個與會人員組成一個「專家小組」。

3. 在每個人講述自己的主意時，「專家小組」當場舉起事先準備好的抽認卡「打分」（分數最低為 1 分，最高為 10 分）。

4. 主持人統計出每個人的總分，並宣佈最終的獲勝者是誰。

問題討論：

1. 今天有多少人獲得了至少一個有用的新主意？

2. 這個遊戲是否在你的頭腦中激發出了火花或者幫你想出了一個新主意？

3. 你能否想出可以應用這個方法的其他領域？

4. 這一方法有沒有什麼變通方式？

5. 透過競爭來激發員工的思維，從而產生新的設想；觸類旁通，看看這種方法可不可以應用到其他的領域；或者在此基礎上有沒有更好的辦法。

24 運用知識獲取獎勵

遊戲目的：

運用競爭方式和經濟手段鼓勵大家投入到學習中去，透過物質刺激的方式提高員工的積極性。

遊戲人數：3～5 人一組

遊戲時間：5 分鐘

遊戲場地：不限

遊戲材料： 事先列好選項，準備好展示牌（掛鉤與掛環、磁鐵、粉筆等等）、銀幣和面值為 5 元的紙幣

遊戲步驟：

1. 選擇一些與會人員已經學過的知識。（例如：一個新產品的性能，或者一台機器的構造）

2. 把正確選項跟錯誤選項混在一起，寫在兩塊大公告牌、螢幕或紙板上，不要讓與會人員看到題目。

3. 請兩組人來分別答題，要求他們在正確選項旁畫「√」。

4. 3 分鐘後，停止答題。

5. 把公告牌轉過來，朝向與會人員，請他們指出答案中的錯誤。

6. 每挑出一個真正的錯誤，可獲得一個銀幣。獲勝的一組（錯誤較少的一組）可獲得 5 元的獎勵。

這一練習既增強了與會人員的競爭意識，又向他們提供了獲得獎勵的機會。這實際上是一種測驗全體與會人員水準的「有趣」方式。「勝利者」通常會為「失敗者」買些零食，這反映了同伴之間的情誼。

25 得到獎勵的好處

ⓘ 遊戲目的：

　　說明對與會人員的行為予以正強化會增加同一行為再現的可能性。

Ⓢ 遊戲人數：10 人以下為一組

Ⓕ 遊戲時間：3 分鐘

✈ 遊戲場地：不限

€ 遊戲材料：事先準備好的強化刺激用的獎品（如罐頭、棒球帽、T 恤衫、貼紙、紙幣等）

◎ 遊戲步驟：

　　1. 找出大家都想得到的獎品（例如雞尾酒會的免費飲料券等）。

　　2. 告訴大家他們是可以獲得這些獎勵的，說明獎勵機制，也可以在第一個值得獎勵的行為出現以後說明。

　　3. 在獎品上貼上速貼標籤，上面寫著：「成功來自於能夠，而不是不能。」當與會人員聽到這一振奮人心的口號，看到自己由於行為得體而獲得獎勵時，他們會喜歡上這個遊戲，並做出相應的反應。

4.任何時候，只要有人提出了一個深刻的見解或者用一句幽默的話語打破了房間裏的沉悶氣氛，就獎勵此人一件獎品，這會促使其他人也加倍努力去贏得他們自己想要的獎品。

 問題討論：

1.為什麼人們會積極參與？

2.如果教師或會議主持人有一次扣發獎品，會出現怎樣的後果？

3.如果教師或會議主持人選擇了錯誤的獎品，會出現怎樣的後果？

4.大家認為正強化還有什麼其他用途？

5.正強化是指對人或動物的某種行為給予肯定或獎勵，使這種行為得以鞏固和持續。強化理論認為，如果某一行為能夠獲得正面激勵，這一行為以後再現的頻率會增加。

主管人員應該做到對下屬的行為做出相關的，而且必須是正面的反應。發放獎品要慷慨，但必須是有條件的。

培訓小故事

◎鴨子只有一條腿

有一位王爺手下有個著名的廚師，他的拿手好菜是烤鴨，深受王府裏的人喜愛，尤其是王爺，更是倍加賞識。不過這個王爺從來沒有給予過廚師任何鼓勵，使得廚師整天悶悶不樂。

有一天，王爺有客從遠方來，在家設宴招待貴賓，點了數道菜，其中一道是王爺最喜愛吃的烤鴨。廚師奉命行事，然而，當王爺挾了一個鴨腿給客人時，卻找不到另一條鴨腿，他便問身後

的廚師說：「另一條腿到那裏去了？」

廚師說：「稟王爺，我們府裏養的鴨子都只有一條腿！」

王爺感到詫異，但礙於客人在場，不便問個究竟。

飯後，王爺便跟著廚師到鴨籠去查個究竟。時值夜晚，鴨子正在睡覺。每只鴨子都只露出一條腿。

廚師指著鴨子說：「王爺你看，我們府裏的鴨子不全都是只有一條腿嗎？」

王爺聽後，便大聲拍掌，吵醒鴨子，鴨子當場被驚醒，都站了起來。

王爺說：「鴨子不全是兩條腿嗎？」

廚師說：「對！對！不過，只有鼓掌拍手，才會有兩條腿呀！」

要使人們始終處於施展才幹的最佳狀態，惟一有效的方法，就是表揚和獎勵，沒有比受到上司批評更能扼殺人們積極性的了。

在下屬情緒低落時，激勵獎賞是非常重要的。身為管理者，要經常在公眾場所表揚佳績者或贈送一些禮物給表現特佳者，以資鼓勵，激勵他們繼續奮鬥。一點小投資，可換來數倍的業績，何樂而不為呢？在不改變藥效的情況下，給藥加點糖，效果會更好。

26 回饋好的信息

遊戲目的：

以正面評價結束一次發言或培訓，信息收集能力訓練。

遊戲人數：不限

遊戲時間：5 分鐘

遊戲場地：不限

遊戲材料：每人發一個大信封和一套卡片

遊戲步驟：

1. 給每位與會人員發一份花名冊和一些規格為 3 英寸×5 英寸的卡片。

2. 在課程開始前，請他們仔細觀察同伴的行為。

3. 請學員在卡片上寫出對每個人的正面評價，並把被評價者的名字寫在上面（教師也可以參加這一活動，既對別人做出評論，也讓別人對自己做出評論。）

4. 在培訓接近尾聲時，把卡片收上來，放入合適的信封，發給每個人。

5. 給大家留足夠的時間來快速流覽一下關於自己的卡片。

6. 也可以請與會人員彼此提供一個「成功小竅門」，或請他們完成下面這個句子：「我希望你……」，給每個人都寫這麼一句話。

問題討論：

1. 如果時間允許，請每位與會人員讀一下令他感覺最好的評價。

2. 請每位與會人員讀一下最令他感到吃驚（或最令他迷惑不解）的評價。

27 多看別人的長處

遊戲目的：

使與會人員帶著對自己的正面評價高興地離去，多去看別人的長處，補己之短。

遊戲人數：不限

遊戲時間：5 分鐘

遊戲場地：不限

遊戲材料：規格為 3 英寸×5 英寸的卡片

 **遊戲步驟：**

1. 請每位與會人員為其他每個人填一張卡片，完成下述句子，如「我最喜歡（人名）的一點是……」或「我在（人名）身上看到的最顯著的優點是…」

2. 一天的課程結束後，把收上來的卡片發給與會人員。這樣，每個人都能帶著對自己的正面評價滿意地離去。

3. 在連續幾天的課程中可以把這一活動做兩三次。

28 溫暖的話語

 遊戲目的：

讓每個人都對別人做出正面評價，巧妙地引導與會人員認識他人的優點。

 遊戲人數：不限

 遊戲時間：5 分鐘

遊戲場地：不限

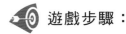 **遊戲材料：**規格為 3 英寸×5 英寸的卡片

遊戲步驟：

1. 把與會人員分成若干個兩人小組。

2. 在課程開始時對與會人員說，每個人都需要別人的認可與正面評價，請他們注意在整個學習過程中關注他們搭檔的任何優點或長處。

3. 課程結束時，請每個人在下面三個選項中至少選擇一項，告訴他的搭檔：

⑴一個特別漂亮的身體部位。

⑵一兩個非常迷人的個性特徵。

⑶一兩項出眾的才能或本領。

4. 要求每個人都記下他的搭檔的感情、思想和反應，等到對方「情緒低落的日子」，就可以再來重溫這段時光。

問題討論：

1. 為什麼我們中的許多人在想對別人說些讚美的話時感到難以啟齒？

2. 為什麼有些人經常輕易地對別人做出負面評價，卻幾乎從來不說別人的好話？

3.「人們總是按照他們認為的那樣來行事。」你是否同意這句話？為什麼？

4. 每個人都至少會有一個優點，如果你能善於發現他人的優點並

真誠地給予讚美，你就將贏得一個又一個真誠的朋友。

　　優秀的上司尤其需要注意這一點：隨時看到下屬的優點並恰到好處地肯定他們。

29 吹氣球

🛈 遊戲目的：

　　活躍氣氛，透過遊戲使學員在協作和競爭中增進瞭解，增加團隊凝聚力。

💲 遊戲人數：10～12 人一組

💷 遊戲時間：20 分鐘

🛬 遊戲場地：不限

💶 遊戲材料：每組氣球 100 個，塑膠打氣筒一個，小丑戲服一套

🖋 遊戲步驟：

1. 培訓師發給每組上述材料。
2. 每組選出一位組員作為「小組巨人」。
3. 每組利用所給材料，讓組員想辦法令「小組巨人」變得越來越

「強壯」。

4.在規定的 10 分鐘時間內評選最「強壯」的「小組巨人」。

🀄 問題討論：

1. 本小組是用什麼方法令「小組巨人」變得越來越「強壯」的？

2. 在遊戲中，看見其他小組的「巨人」變得越來越「強壯」時，你的反應是什麼？

3. 別急著將所有的氣球都充滿氣，而是留一些作其他的備用工具，例如作繩子用。誰充氣？誰紮頭？誰來武裝「小組巨人」？都已分配好了嗎？千萬不要全小組成員一窩蜂的都來做同一件事。

還有，別太貪！充過多的氣，氣球是易爆的。不要充一個就往巨人身上「穿」一個，先將這些球做成一件「外衣」，然後再給巨人穿上，是不是更有效率一些？

培訓小故事

◎選擇越多越好

選擇越多越好？有選擇好，選擇愈多愈好，這幾乎成了人們生活中的常識。但是最近由美國哥倫比亞大學、斯坦福大學共同進行的研究表明：選項愈多反而可能造成負面結果。科學家們曾經做了一系列實驗，其中有一個讓一組被測試者在 6 種巧克力中選擇自己想買的，另外一組被測試者在 30 種巧克力中選擇。結果，後一組中有更多人感到所選的巧克力不大好吃，對自己的選擇有點後悔。

另一個實驗是在加州斯坦福大學附近的一個以食品種類繁多

聞名的超市進行的。工作人員在超市裏設置了兩個吃攤，一個有6種口味，另一個有 24 種口味。結果顯示有 24 種口味的攤位吸引的顧客較多：242 位經過的客人中，60％會停下試吃；而 260 個經過 6 種口味的攤位的客人中，停下試吃的只有 40％。不過最終的結果卻是出乎意料：在有 6 種口味的攤位前停下的顧客 30％都至少買了一瓶果醬，而在有 24 種口味攤位前的試吃者中只有 3％的人購買東西。

　　太多的東西容易讓人遊移不定，拿不準主意，同理，對於管理者，太多的意見也會混淆視聽。不要以為越多的人給出越多的意見就是好事，其實往往適得其反，由於每個人看問題的角度不同，給出意見的動機也不盡相同，所以太注重聽取別人的意見很容易讓自己拿不定主意。在徵求意見之前，我們必須要有一個屬於自己的堅定的信念，要明確最終的目的是什麼，這樣才能在眾多的聲音中保持清醒的頭腦，找出最適合企業發展的金玉良言。

　　「傷人十指，不如斷人一指」，把資源集中於適應市場機會的企業的核心競爭力上，將產生更大的效益。相反，盲目地平均使用資源，盲目地多樣化，猶如狗熊掰棒子，終將一無所得。

30 跳兔子舞

i 遊戲目的：
　　活躍氣氛，增強團隊成員的瞭解和合作。

$ 遊戲人數：不限

£ 遊戲時間：10 分鐘

✈ 遊戲場地：不限

€ 遊戲材料：快節奏樂曲和音響器材

◎ 遊戲步驟：

　　1. 每個小組排成一隊。
　　2. 小組後面一位學員雙手搭在前一位學員的雙肩上。
　　3. 培訓師給學員動作指令：左腳跳兩下，右腳跳兩下，雙腳合併向前跳一下，向後跳一下，再連續向前跳三下。

♲ 問題討論：

　　1. 為什麼會出現步調不一致的情況？

2. 有什麼方法能使本小組成員儘量保持步調一致？

3. 遊戲進行到後面階段這種狀況是否有所改進？為什麼？

3. 由於成員個體間存在的差異導致了總體的不協調。在交往中隨著對他人的瞭解，有助於減小這種不協調。

哈哈！別只覺得樂，而踩了別人的腳。

31 做做課間操

 遊戲目的：

用於活躍氣氛、放鬆精神，增強動作的協調性，鍛鍊身體。

 遊戲人數：不限

 遊戲時間：5 分鐘

 遊戲場地：空地或大會場

 遊戲材料：音響器材

 遊戲步驟：

1. 所有學員面向教練，分散站開。

2. 播放音樂，學員在培訓師的帶領下完成以下一系列動作（除標

註外，每個動作重覆兩遍）：

(1)掌腿 1-2-3-4。

(2)捶拳 1-2-3-4。

(3)捶肘部 1-2-3-4。

(4)手掌疊交 1-2-3-4。

(5)聳肩膀 1-2-3-4（一遍）。

(6)擦玻璃 1-2-3-4（一遍）。

(7)劃水 1-2-3-4。

(8)拍蚊子 1-2-3-4。

問題討論：

你都有那些使自己心情放鬆的方法？

32 同一首歌

遊戲目的：

深化每個學員的內心世界，令每個學員都可以釋放自己，沉浸於無界限的溝通境界，強化團隊成員對團隊的認同度。

遊戲人數：不限

遊戲時間：5～10 分鐘

遊戲場地：有音響器材的會場或教室

 遊戲材料：無

 遊戲步驟：

1. 全體學員圍成一圈。

2. 每位學員將自己的左手放在左邊學員的右手掌上，右手托著右邊學員的左手掌。

3. 所有學員閉上眼睛，聆聽一遍《同一首歌》。

4. 討論。

5. 再聽一遍《同一首歌》，以加深印象。

 問題討論：

1. 以這樣的方式聽歌是第一次嗎？有什麼特殊感覺？

2. 團隊成員有什麼共同點？每人至少說一點，說得越多越好。

3. 在不同的情境下面對相同的事物有不同的感受。團隊之所以存在，是因為有共同的目標。

培訓小故事

◎竹子的生存哲學

樹木大都是實心的，但竹子卻是空心的。空心的竹子因為很容易就被折斷，所以它們都是一大叢糾纏在一起成長的，這樣一來，它們就不怕狂風暴雨的摧殘。

　　反觀，其他樹木需要有一定空間的隔離才能生存，由於沒有抵抗風雨的本錢，因此，一旦狂風來襲，許多樹木就從中折斷，甚至連根拔起。又因為竹子是整叢生長在一塊，每根竹子為了找到安身立命之地，它便必須在最快的時間內竄出，即使只有立錐之地。這也就是它們空心的原因了，因它們惟恐落人於後，根本無暇長成實心。

　　竹子的團結有競爭，就像職業場上的狀況。想像一下，自己是否有合群的態度？自己的競爭優勢又在那裏？

33 自信地應對

遊戲目的：

　　活躍課堂氣氛，讓學員保持輕鬆和積極的心態進行學習；創造性地解決問題，鼓勵員工自信坦然地應對小錯或尷尬。

遊戲人數：6～10 人一組

遊戲時間：15 分鐘

遊戲場地：比較大一點的室內或室外

遊戲材料：幾個形狀怪異的物品，如活塞、漏勺、飛鏢或電牙刷，題紙板

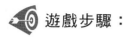 **遊戲步驟：**

1. 與學員一起即席想一想，如果在你們一群人面前出現炸彈，你們會做什麼反應。讓學員提一些可能的情形，把所有可能的反應記在題板紙上。

2. 現在教學員學習「小丑鞠躬」的反應。當其他方法失敗時，小丑鞠躬意味著面對聽眾，謙虛地笑著說，「謝謝你們，非常感謝你們。」

3. 鼓勵學員試一試小丑鞠躬方法的幾個變形。他們可以用深情的語氣說；他們也可能像一個電台的名主持一樣熱情地說；如此等等。他們可以先模仿其他人的風格。直到他們找到自己尤為喜歡的個人風格。

4. 現在把形狀怪異的物品拿給小組成員看。這個遊戲的目的就是讓學員說出這些物品的盡可能的用處。

5. 讓小組站成一個長隊，或者兩隊。讓學員按順序跑到屋子的前面，揀起物品，說出它的名字，並描述出它的用處，然後跑回隊伍中。

問題討論：

1. 在接下來的三天裏的任何時候，你們是否可能犯錯誤？如果你回答「是」，就試著用在本遊戲中學到的技巧，看看人們有什麼反應。

2. 在人生遭遇中，有人會「摔倒」。這就要看他是如何爬起來的才有意義。

3. 人們在面對一些意想不到的局面時，若能趁機幽默一下，坦然面對，勢必多些快樂和智慧。

34 笑對小錯

遊戲目的：

活躍課堂氣氛，並讓學員從中悟出一些道理；讓學員體會一下自己的應變能力。

遊戲人數：不限

遊戲時間：15～20 分鐘

遊戲場地：不限

遊戲材料：無

遊戲步驟：

1. 小組站成半圓形。按順序報數，以便每個參與者都有一個數字。

2. 第一個人（隊列中的 1 號）叫另一個人的號，「12 號！」被叫的人立即叫另一個人的號，「5 號！」接著被叫的人很快叫出另一個號，「8 號！」等等。第一個有點兒猶豫的人，或者叫了一個錯號（他自己的號，或者是一個不存在的號）的人放棄自己的位置，走到隊尾。此時隊伍重新編號。遊戲重新開始。

3. 遊戲繼續進行，總會有人不斷「犯錯誤」，不得不移到隊尾。

4. 大約 5 分鐘後叫停。

 問題討論：

1. 對小錯誤等閒視之會有什麼感覺？看他人犯錯誤有什麼感覺？

2. 為什麼當我們失敗時，即使是在一個很傻的小遊戲中，對我們的現實生活並沒有什麼影響，我們往往也不能容忍而嘟嘟囔囔？

3. 在現實生活中，你會經常犯什麼小錯誤？

4. 在現實生活中，使用「對」有什麼利害關係嗎？

5. 「對」是一個工具，它基本上能使我們正確地認識錯誤。當你實際上在說「我做得不好嗎」時，每個人都明白你的真正意思是，「呵，不要再那麼做了！現在讓我們繼續吧。」除了舉起拳頭，說「對」外，還可以傳遞些幽默，例如：「謝謝你們，那可花了我一年時間進行訓練，請給點兒掌聲。」

對於真正嚴肅的錯誤，使用「對」這一方法是不恰當的。重大錯誤會給他人帶來痛苦、損失或者困窘。而小錯誤只給自己帶來困窘。

35 幸運餅乾

ⓘ 遊戲目的：

　　作為一個活躍氣氛的遊戲，它為參與的學員建立一種有趣、和諧的氣氛，同時，還向學員介紹了學習的目的和內容；作為一個最後復習的遊戲。這個遊戲鞏固了學過的要點。

⑤ 遊戲人數： 5～10 人一組

⑥ 遊戲時間： 10 分鐘

⊛ 遊戲場地： 室內

⑥ 遊戲材料： 盒裝的幸運餅乾，題紙板，小禮品

⊛ 遊戲步驟：

程序 1（作活躍氣氛用）

　　1. 請每一位學員從標有「值得欽佩的管理秘訣」字樣的盒子裏取出一塊幸運餅乾，並讀出上面的句子。

　　2. 讓每位學員想出某種辦法，把這個句子與某一個管理原則聯繫起來，而這個原則可能要在今天討論。

　　3. 請回答者首先介紹一下自己，接著大聲念出幸運餅乾上的句

子，並提出一個和它相聯繫的好的管理原則。

4. 把每一條原則寫在題板紙上。

5. 當幾乎所有原則都被提出了，流覽一下提出的原則，在今天要討論或考察的原則下面畫上下劃線。

6. 給予那些最重要、最富創造性的聯繫一個小禮品，作為獎勵。

<u>程序 2（作復習用）</u>

1. 在培訓安排快要結束的時候，請每個學員從標有「值得欽佩的管理秘訣」字樣的盒子裏取出一塊幸運餅乾。領著大家鄭重其事地打開幸運餅乾，大口地吃掉它們。

2. 提出幾個需要舉手表決的有趣問題，選出 5—10 個志願者。

3. 讓志願者大聲念出幸運餅乾的句子，整個小組集體討論，想一些辦法把這些句子與今天討論過的原則聯繫起來。

4. 獎給最重要以及最富創造性的創造者一個小禮品。

 問題討論：

1. 在程序 2 中，學員是否感受到這種遊戲方式起到鞏固學習的作用？

2. 在發獎品時，由你來決定那些值得獎勵，要比大家表決快得多。我們建議，在活動過程中，當確實有很好的聯想被提出時，你就應該在心裏默默記下它們，以便你能很快地宣佈誰是獲勝者。

3. 另外一個判斷誰是獲勝者的好辦法是密切注意大家對每個聯想的反應。這個方法能夠獲得對這個小組較深層次的理解。然而，有時你也可能不採用這個方法，而積極地支援一個並不令人激動，但卻很重要的原則，而這個原則恰恰是你想要學員記住的。

但從根本上說，那些被學員給予強烈反應的聯想，無論在什麼時

候都需要被確認一下。很快記下這些句子的要點會很有幫助,這樣你可以在恰當的時候覆述它們的大意。

4.如果那個關於幸運的餅乾句子的聯想使大家發笑,一定要記住在培訓快結束的時候重覆一下這些句子!這是一個能真正使大家感到很愉快的遊戲:即使學員可能在以前聽說過它們,但是一定會有什麼原因讓他們再一次大笑。這對於它們的創作者來說是非常令人高興的。

培訓小故事

◎壓力管理

在講壓力管理的課堂,老師拿起一杯水,然後問聽眾說:「各位認為這杯水有多重?」

聽眾有的說 200 克,有的說 500 克,老師說:「這杯水的重量並不重要,重要的是你能拿多久?拿一分鐘,各位一定覺得沒有問題,拿一個小時,可能覺得手酸,拿一天,可能得叫救護車了。其實這杯水的重量是一樣的,但是你若拿越久,就覺得越沉重。這就像我們承擔的壓力一樣,如果我們一直把壓力放在身上,不管時間長短,到最後就覺得壓力越來越沉重而無法承受。我們必須做的是放下這杯水,休息一下後再拿起這杯水,如此我們才能拿得更久,所以,各位應該將承擔的壓力在一段時間後適時地放下,並好好地休息一下,然後再重新拿起來,如此才可承擔很久。」

這就像我們工作一樣,我應該將工作上的壓力在下班時放下,而不要帶回家。回家後應該好好休息,明天工作時再處理工作的事情,如此我們就不會覺得壓力的沉重了。

36 可愛的角色模特

ⓘ 遊戲目的：

活躍現場氣氛，以圖表形式表明團隊行為是如何形成的。

ⓢ 遊戲人數：不限

ⓔ 遊戲時間：15 分鐘

✈ 遊戲場地：不限

€ 遊戲材料：無

✍ 遊戲步驟：

1. 讓學員站成一個圈。遊戲開始時，你任意指向圈中的一個人，手不要放下來。那個人現在要指向圈中的另一個人，依次下去。

2. 告訴大家，不允許指向已經指著別人的人。遊戲這樣進行下去，直到每個人都指著某個人，而且沒有兩個指向同一個人。然後大家都把手放下來。

3. 現在，告訴大家，把目光放在剛剛指著的人身上。告訴他們，他們的工作是監督那個人。那個人被稱為「角色模特」。

4. 學員有一件工作：他們必須密切監督他們的「角色模特」，並

且學他們的動作。

5. 要求學員站著不動。只有當他們的「角色模特」動了，他們才可以動。

6. 實際上，「角色模特」做的任何動作——咳嗽，拉拉手指，任何動作，學員都必須立即重覆，然後站著不動。

7. 開始遊戲，進行大約五分鐘。

8. 可能出現的情況是，隨處可見各種小動作。

9. 無論什麼時候，當有人做了一個動作，這個動作將會被大家轉著圈傳播開，無休止地重覆下去（通常在每次重覆時都會有所誇張）。

10. 最後，圈裏的每個人都會搖著頭，擺著胳膊，做著鬼臉，咳嗽，咯咯地笑。

 問題討論：

1. 剛剛發生了什麼？有誰知道某個動作是誰發起的？

2. 有多少人知道，是你的「角色模特」首先開始的某個動作？

3. 當有人首先開始後，一旦其他人都這麼做了，有什麼麻煩嗎？

4. 這個遊戲是如何模仿你的團隊在現實生活中的做法的？在工作中，你們是如何開始玩「誰先開始的」這個遊戲的？玩這個遊戲的代價是什麼？對你來說，你個人停止參與這個不良循環，是多麼重要？為了改變這種規範，你願意做什麼？

37 相互信任

遊戲目的：

活躍氣氛，創造性地解決問題，團隊溝通。

遊戲人數： 2 人一組

遊戲時間： 30 分鐘

遊戲場地： 室內

遊戲材料： 一塊白板

遊戲步驟：

1. 讓你的學員兩人一組，做一個與學習有關的演出。

2. 選擇四個志願者分別為 A、B 組扮演角色。

3. A 組是這場戲的演員，B 組是為他們提示台詞的助手。

4. B 組挨著 A 組的同伴站著，他們肩膀被志願者拍一下時，就會把接下來的那句台詞告訴 A 組。

5. A 組的工作是接受 B 組人給他們的任何台詞，然後充分演好它，就像這些東西是他們自己頭腦中已有的一樣。

6. 老師先扮演志願者來演示一下這種做法。透過說一些積極的事

情而開始:「我非常榮幸可以有機會與你一起合作,小江(B 組人),你──」

7. 老師然後拍一下小江(B 組人)的肩膀。小江可能立即接上,「──總是與我的立場一樣。」結合著小江提供的東西說出老師的獨白,「──總是與我的立場一樣。事實上,我完全信任你。因此──」

8. 再次拍小江(B 組人)的肩膀。他也許會說:「那麼,你認為昨天我向老闆提交的計劃怎麼樣?」

9. 老師可以立即問小江:「那麼,你認為昨天我向老闆提交的計劃怎麼樣?告訴我實情。你知道我會非常信任你的判斷。」

10. 又一次拍小江(B 組人)的肩膀:「請與我坦誠相對。」老師說:「請與我坦誠相對。我必須知道我做的怎麼樣⋯⋯」

11. 讓學員觀看剛才的演示,然後讓他們散開。

12. 給學員 5 分鐘左右的時間去做這個遊戲。

 問題討論:

1. A 組人員:你為了轉換並適應 B 組的場景台詞必須做些什麼?做這些變化時感覺如何?怎麼才能使這個過程更容易一些?

2. B 組人員:為 A 組人提供台詞並使所有這一切做得容易,你需要做些什麼?當 A 組人員用你的台詞順利表演時,你有什麼感覺?

3. 對所有志願者:你的想法與當時場景中發生的一切要一樣,你有什麼感覺?你是否有過對這種結果失望的感覺?你是否有過又驚又喜的感覺?

4. 提醒你的志願者,他們不應以遲鈍的、瘋狂的或古怪的方式來做這個遊戲。再者,這個遊戲的關鍵點是最公平的合作──願意與其他人一起分享合作的快樂。

38 如何設置獎品

🛈 遊戲目的：

鼓勵與會人員踴躍發言，並且儘量使自己的發言既有深度又有廣度，透過物質或精神上的刺激，達到想要的結果。

🛇 遊戲人數：不限

🛈 遊戲時間：20 分鐘

🛈 遊戲場地：不限

🛈 遊戲材料：玩具鈔票、撲克籌碼或其他合適的貨幣，一份獎品目錄

🛈 遊戲步驟：

1. 準備一些可以分發給大家當貨幣用的東西，如大富翁遊戲裏用的玩具鈔票，或者撲克籌碼，事先把紅、白、藍、黃各色籌碼所代表的價值確定下來。

2. 開列一份清單，把一些對與會人員而言具有潛在價值的獎品列在上面。其中可以包括公司咖啡廳的禮品券，從免費咖啡到免費午餐不等，或者一個印有公司標誌的咖啡杯，或者一本與議題有關的書

籍，例如，萊斯特‧比特爾和約翰‧紐斯特洛姆的著作《管理者必讀》或愛德華‧斯坎奈爾的著作《管理溝通》，或者想一些富有創意的獎勵辦法，例如與董事長在經理餐廳共進午餐，或者兩張免費戲票，或者免費打一次高爾夫球。要有創意！

3. 告訴與會人員你希望他們積極參與，再告訴他們會有那些獎品。

4. 如果與會人員按照你的要求去做了，就把玩具鈔票或撲克籌碼當場獎給他們。

5. 等這種遊戲模式建立起來以後，你可以透過追加獎品或者為某種行為（如分析式反應與機械式反應）頒發團體獎（每人發幾元）的辦法來進一步鼓勵大家踴躍發言。

6. 會議結束時，給與會人員幾分鐘時間流覽一下他們的「所獲獎品清單」，告訴他們必須用有創意的想法或建議等來「購買」他們想要的東西。

7. 用 5 分鐘時間說明遊戲規則，最後用 10～15 分鐘時間「出售」獎品。

🌀 問題討論：

1. 「獎品」在多大程度上能刺激你發言的積極性？

2. 獎勵制度有沒有使你分心？它對你學習以及鞏固所學的知識起了多大作用？

3. 你的上司有沒有對你的工作進行過適時的激勵？他一般採用的是什麼方式？你對這些激勵形式有什麼感覺？

4. 管理者必須時刻牢記對員工的激勵，那怕這種激勵只是一個小小的手勢或是一件微不足道的小禮品。

培訓小故事

◎富翁的大房簷

　　有位善心的富翁，蓋了一棟大房子，他特別要求營造的師傅，把那四週的屋簷建加倍的長，以使窮苦無家的人，能在其下暫時躲避風雪。

　　房子建成了，果然有許多窮人聚集在屋簷下，他們甚至擺起攤子做買賣，並生火煮飯。嘈雜的人聲與油煙，使富翁不堪其擾，不悅的家人也常與寄在簷下者爭吵。

　　冬天，有個老人在簷下凍死了，大家交口罵富翁的不仁。

　　夏天，一場颶風，別人的房子都沒事，富翁的房子因為房簷特別的長，居然被掀了頂，村人都說是惡有惡報。

　　重修屋頂時，這次富翁只要求建小小的房簷，富翁把省下的錢捐給慈善機構，並另外蓋了一間小房子。這房子所能庇蔭的範圍遠比以前的房簷小，但四面有牆，是棟正式的房子。

　　許多無家可歸的人，也都在其中獲得暫時的庇護，並在臨走前，問這棟房子是那位善人捐蓋的。

　　沒有幾年，富翁成了最受歡迎的人。即使在他死後，人們還繼續受他的恩澤而紀念他。

　　為什麼同樣的善心，卻有那麼大的不同？

　　富翁的一片善心，從被認為是為富不仁、惡有惡報到變成是最受歡迎的人，這中間的變化是什麼因素造成的？是大房簷與小房子的差別嗎？還是其中的用心有什麼不同？是什麼原因讓富翁被責備成為富不仁、惡有惡報？又是什麼原因讓富翁被感激與紀念？

答案是寄人簷下的感覺和生活在獨立房子中的感覺不同！你知道生活在富翁的大房檐下，那些窮苦的人們會得到什麼感受！而生活在獨立受尊重沒有比較的房中，那些窮苦的人們又會有什麼感受！

在組織或團隊中，什麼樣的狀況是等同於寄人簷下？事事都要依靠你？不放心同事處理事情？常常要看臉色辦事？還是……。

什麼樣的狀況是有獨立的空間？給予清楚的目標？規範內自主，給予做事的空間？還是以核心價值交付責任，啟發能力與成長？還是以願景、使命激發自覺與承擔？

媽媽什麼事都安排好，小孩子無法獨立；主管什麼事都能幹，部屬不負責任。「屋簷」伸太長，一片好心變成為富不仁，「獨立小房子」卻變成最受歡迎的人，這中間的差別值得我們深思！

領導，不能只是注重事情表面的完成，也不止於問題的解決，更重要的責任是：啟發同事夥伴的能力，還給同事與夥伴一個真真實實的人來，要當教練不是當主管。

啟發夥伴的自覺與負責任，是幫助組織與團體成長的絕對關鍵要素。對此，你的做法又將會是什麼？在組織與團隊領導的過程中，如何協助同事的成長？如何陪伴夥伴們度過困難的考驗？怎麼做才能真正地幫助他們？是事事都非要靠你不可，才能解決問題？還是你培育他們的能力，讓他們可以為自己負責？

39 精神放鬆

i 遊戲目的：

調節課堂氣氛，訓練學員將思維視覺化以及進行放鬆的技巧。

$ 遊戲人數：不限

£ 遊戲時間：5～10 分鐘

✈ 遊戲場地：有音響器材的教室或大會場

€ 遊戲材料：音響器材、輕鬆、柔和的樂曲

◎ 遊戲步驟：

1. 讓全體學員以儘量放鬆的姿勢坐好，並閉上眼睛。

2. 播放輕鬆、柔和的背景音樂。

有意識地慢慢朗讀你所選定的文段。

4. 讀完後，等待學員們的精神自然地回覆到初始狀態。以下是兩段例文：

柳丁

想像你的手裏正拿著一個柳丁

這個柳丁摸上去有什麼感覺

它是什麼樣的

在腦海中構築這幅畫面，構築得越清晰越好

現在想像你正在剝下橙皮

將橙肉剝開成一瓣一瓣

拿起其中一瓣咬下去

過了一會兒，近距離仔細地觀察一瓣橙肉

問問自己，如果能將它放大 1000 倍，100 萬倍，它會是什麼樣的？

橙肉細胞是怎樣的

它的分子又是怎樣的

接下來的幾分鐘

儘量把注意力集中在關於柳丁你所不瞭解的地方

想想柳丁是何以成為柳丁的

為什麼它會是這個樣子的

可能會有多少種不同類型的柳丁

隨著時間的變化，柳丁會進化成什麼樣子

怎樣將一個鮮甜的柳丁做成果醬

在想像這個柳丁的時候，密切關注你自己的思維特質

時鐘

想像你的面前有一個時鐘或者一個手錶

上面有一根正在走動的秒針

放鬆一會兒

將你的精神集中

集中注意力看著秒針移動

集中精神注視秒針的移動，保持兩分鐘

設想世界上別的東西都不存在

如果你走神了

想到了別的東西，或被阻隔開了

停止

集中精神，重新開始

努力保持絕對的注意力兩分鐘

5. 你也可以自己進行創作，譬如描述躺在海灘上的感覺。

 問題討論：

以「柳丁」的練習為例：

1. 你覺得自己當時像正在吃著柳丁那樣在咀嚼，在吞咽嗎？

2. 你想像出的畫面有多逼真？有多細緻？

3. 你的腦海中出現了沒有預期到的或不同尋常的畫面或想法嗎？

4. 你覺得自己還有其他感覺嗎？

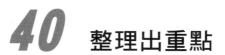

40　整理出重點

 遊戲目的：

有助於強調在團隊行為中建立紀律和標準的重要性，在項目間創造出多種回顧總結材料的新穎方法。

 遊戲人數：不限

遊戲時間：15～20 分鐘

遊戲場地：教室

遊戲材料：事前準備的項目清單和一疊白紙

遊戲步驟：

1. 將項目內容分成幾類。寫出與每一類相關的 10 條條目，並標出 1 到 10。

2. 將人們分成小組並告訴他們所討論的分類。例如存在時間管理的課程，你可列出：⑴計劃⑵目標⑶目的⑷活力⑸日記⑹干擾⑺結構⑻會議⑼優先權⑽緊急

3. 先不公開這個單子，給團隊 1 分鐘的時間提出認為與主題有關的術語、定義等，猜中單子上的一條就得一分。

4. 人們爭先恐後，氣氛極為熱烈。然後各隊輪換。

問題討論：

1. 你寫出多於或少於 10 個的有關術語了嗎？

2. 和標準答案相比較，你缺了那幾項？它們重要嗎？

3. 你對於給出的答案有什麼好的補充？

4. 每項工作或課題都有正面的影響和負面的干擾，需要認清它們。任何工作都有其重點，掌握重點，就會有事半功倍的成效。

41 發音練習

遊戲目的：
開動大腦，有效地激發大家的思想活動，增加趣味性和娛樂性。

遊戲人數：不限

遊戲時間：5分鐘

遊戲場地：不限

遊戲材料：無

遊戲步驟：

1. 帶領大家逐漸大聲說出母音。

2. 每個人站著開始說：「a，o，i，e，u」。

3. 開始聲調較低，並請人們與你的聲調一致。

4. 重覆發音，逐步加大音量（母音的運用可給大腦充能並與左右都有聯繫）。

問題討論：

1. 這個活動的效果在那裏？

2. 大家在一起的感受是怎樣的，而自己一個人的時候感受又是怎樣的？

3. 大集體的好處在那裏？

4. 在遊戲中活躍大家的大腦，從而更好地利用和發揮大腦。參與到集體活動中去，你會發現自己也是可以的。放鬆遊戲的方式有很多，我們也可以透過其他方式來做到這一點。

培訓小故事

◎以理服人

已飽餐一頓的狼發現一隻綿羊倒在地上，知道綿羊是因過分害怕而昏倒，就走過去叫它不要怕，並答應綿羊，只要說出三件真實的事情就放它走。於是綿羊說出下面三件事：

第一，不想遇到狼；第二，如果一定要遇到最好是隻瞎眼的狼；第三，我希望所有的狼都死掉，因為我們對狼絲毫沒有惡意，而狼卻常來攻擊、欺負我們。狼認為綿羊說的話都沒有錯就放它走了。

在公司裏，小職員碰到董事長時若缺乏自信，覺得自己處處不對勁就會被看成庸才，若能鎮定地講出自己心中的感受，讓老闆真正地瞭解問題、解決問題，必能受到賞識。真理有時還能感動敵人。

臺灣的核心競爭力，就在這裏！

圖 書 出 版 目 錄

下列圖書是由憲業企管顧問（集團）公司所出版，以專業立場，為企業界提供最專業的各種經營管理類圖書。

1. 傳播書香社會，直接向本出版社購買，一律 9 折優惠，郵遞費用由本公司負擔。服務電話 (02)27622241　(03)9310960　傳真 (03)9310961

2. 付款方式：請將書款轉帳到我公司下列的銀行帳戶。

　·銀行名稱：合作金庫銀行（敦南分行）　帳號：**5034-717-347447**

　公司名稱：憲業企管顧問有限公司

　·郵局劃撥號碼：**18410591**　郵局劃撥戶名：憲業企管顧問公司

3. 圖書出版資料隨時更新，請見網站　**www.bookstore99.com**

經營顧問叢書

13	營業管理高手（上）	一套
14	營業管理高手（下）	500 元
16	中國企業大勝敗	360 元
18	聯想電腦風雲錄	360 元
19	中國企業大競爭	360 元
21	搶灘中國	360 元
25	王永慶的經營管理	360 元
26	松下幸之助經營技巧	360 元
32	企業併購技巧	360 元
33	新產品上市行銷案例	360 元
46	營業部門管理手冊	360 元
47	營業部門推銷技巧	390 元
52	堅持一定成功	360 元
56	對準目標	360 元
58	大客戶行銷戰略	360 元
60	寶潔品牌操作手冊	360 元

72	傳銷致富	360 元
73	領導人才培訓遊戲	360 元
76	如何打造企業贏利模式	360 元
78	財務經理手冊	360 元
79	財務診斷技巧	360 元
80	內部控制實務	360 元
81	行銷管理制度化	360 元
82	財務管理制度化	360 元
83	人事管理制度化	360 元
84	總務管理制度化	360 元
85	生產管理制度化	360 元
86	企劃管理制度化	360 元
91	汽車販賣技巧大公開	360 元
97	企業收款管理	360 元
100	幹部決定執行力	360 元
106	提升領導力培訓遊戲	360 元

112	員工招聘技巧	360 元	184	找方法解決問題	360 元
113	員工績效考核技巧	360 元	185	不景氣時期，如何降低成本	360 元
114	職位分析與工作設計	360 元	186	營業管理疑難雜症與對策	360 元
116	新產品開發與銷售	400 元	187	廠商掌握零售賣場的竅門	360 元
122	熱愛工作	360 元	188	推銷之神傳世技巧	360 元
124	客戶無法拒絕的成交技巧	360 元	189	企業經營案例解析	360 元
125	部門經營計劃工作	360 元	191	豐田汽車管理模式	360 元
129	邁克爾·波特的戰略智慧	360 元	192	企業執行力（技巧篇）	360 元
130	如何制定企業經營戰略	360 元	193	領導魅力	360 元
132	有效解決問題的溝通技巧	360 元	198	銷售說服技巧	360 元
135	成敗關鍵的談判技巧	360 元	199	促銷工具疑難雜症與對策	360 元
137	生產部門、行銷部門績效考核手冊	360 元	200	如何推動目標管理（第三版）	390 元
			201	網路行銷技巧	360 元
138	管理部門績效考核手冊	360 元	202	企業併購案例精華	360 元
139	行銷機能診斷	360 元	204	客戶服務部工作流程	360 元
140	企業如何節流	360 元	206	如何鞏固客戶（增訂二版）	360 元
141	責任	360 元	208	經濟大崩潰	360 元
142	企業接棒人	360 元	209	鋪貨管理技巧	360 元
144	企業的外包操作管理	360 元	210	商業計劃書撰寫實務	360 元
146	主管階層績效考核手冊	360 元	212	客戶抱怨處理手冊（增訂二版）	360 元
147	六步打造績效考核體系	360 元	214	售後服務處理手冊（增訂三版）	360 元
148	六步打造培訓體系	360 元	215	行銷計劃書的撰寫與執行	360 元
149	展覽會行銷技巧	360 元	216	內部控制實務與案例	360 元
150	企業流程管理技巧	360 元	217	透視財務分析內幕	360 元
152	向西點軍校學管理	360 元	219	總經理如何管理公司	360 元
154	領導你的成功團隊	360 元	222	確保新產品銷售成功	360 元
155	頂尖傳銷術	360 元	223	品牌成功關鍵步驟	360 元
156	傳銷話術的奧妙	360 元	224	客戶服務部門績效量化指標	360 元
160	各部門編制預算工作	360 元	226	商業網站成功密碼	360 元
163	只為成功找方法，不為失敗找藉口	360 元	228	經營分析	360 元
			229	產品經理手冊	360 元
167	網路商店管理手冊	360 元	230	診斷改善你的企業	360 元
168	生氣不如爭氣	360 元	231	經銷商管理手冊（增訂三版）	360 元
170	模仿就能成功	350 元	232	電子郵件成功技巧	360 元
171	行銷部流程規範化管理	360 元	233	喬·吉拉德銷售成功術	360 元
172	生產部流程規範化管理	360 元	234	銷售通路管理實務〈增訂二版〉	360 元
174	行政部流程規範化管理	360 元			
176	每天進步一點點	350 元	235	求職面試一定成功	360 元
181	速度是贏利關鍵	360 元	236	客戶管理操作實務〈增訂二版〉	360 元
183	如何識別人才	360 元	237	總經理如何領導成功團隊	360 元

238	總經理如何熟悉財務控制	360 元
239	總經理如何靈活調動資金	360 元
240	有趣的生活經濟學	360 元
241	業務員經營轄區市場（增訂二版）	360 元
242	搜索引擎行銷	360 元
243	如何推動利潤中心制度（增訂二版）	360 元
244	經營智慧	360 元
245	企業危機應對實戰技巧	360 元
246	行銷總監工作指引	360 元
247	行銷總監實戰案例	360 元
248	企業戰略執行手冊	360 元
249	大客戶搖錢樹	360 元
250	企業經營計劃〈增訂二版〉	360 元
251	績效考核手冊	360 元
252	營業管理實務（增訂二版）	360 元
253	銷售部門績效考核量化指標	360 元
254	員工招聘操作手冊	360 元
255	總務部門重點工作（增訂二版）	360 元
256	有效溝通技巧	360 元
257	會議手冊	360 元
258	如何處理員工離職問題	360 元
259	提高工作效率	360 元
261	員工招聘性向測試方法	360 元
262	解決問題	360 元
263	微利時代制勝法寶	360 元
264	如何拿到 VC（風險投資）的錢	360 元
265	如何撰寫職位說明書	360 元
267	促銷管理實務〈增訂五版〉	360 元
268	顧客情報管理技巧	360 元
269	如何改善企業組織績效〈增訂二版〉	360 元
270	低調才是大智慧	360 元
272	主管必備的授權技巧	360 元
274	人力資源部流程規範化管理（增訂三版）	360 元
275	主管如何激勵部屬	360 元
276	輕鬆擁有幽默口才	360 元

277	各部門年度計劃工作（增訂二版）	360 元
278	面試主考官工作實務	360 元
279	總經理重點工作(增訂二版)	360 元
282	如何提高市場佔有率（增訂二版）	360 元
283	財務部流程規範化管理（增訂二版）	360 元
284	時間管理手冊	360 元
285	人事經理操作手冊（增訂二版）	360 元
286	贏得競爭優勢的模仿戰略	360 元
287	電話推銷培訓教材（增訂三版）	360 元
288	贏在細節管理（增訂二版）	360 元
289	企業識別系統 CIS（增訂二版）	360 元
290	部門主管手冊（增訂五版）	360 元
291	財務查帳技巧（增訂二版）	360 元
292	商業簡報技巧	360 元
293	業務員疑難雜症與對策（增訂二版）	360 元
294	內部控制規範手冊	360 元
295	哈佛領導力課程	360 元

《商店叢書》

10	賣場管理	360 元
18	店員推銷技巧	360 元
29	店員工作規範	360 元
30	特許連鎖業經營技巧	360 元
35	商店標準操作流程	360 元
36	商店導購口才專業培訓	360 元
37	速食店操作手冊〈增訂二版〉	360 元
38	網路商店創業手冊〈增訂二版〉	360 元
40	商店診斷實務	360 元
41	店鋪商品管理手冊	360 元
42	店員操作手冊（增訂三版）	360 元
43	如何撰寫連鎖業營運手冊〈增訂二版〉	360 元

17	肝病患者的治療與保健	360 元
18	糖尿病患者的治療與保健	360 元
19	高血壓患者的治療與保健	360 元
22	給老爸老媽的保健全書	360 元
23	如何降低高血壓	360 元
24	如何治療糖尿病	360 元
25	如何降低膽固醇	360 元
26	人體器官使用說明書	360 元
27	這樣喝水最健康	360 元
28	輕鬆排毒方法	360 元
29	中醫養生手冊	360 元
30	孕婦手冊	360 元
31	育兒手冊	360 元
32	幾千年的中醫養生方法	360 元
34	糖尿病治療全書	360 元
35	活到 120 歲的飲食方法	360 元
36	7 天克服便秘	360 元
37	為長壽做準備	360 元
39	拒絕三高有方法	360 元
40	一定要懷孕	360 元
41	提高免疫力可抵抗癌症	360 元
42	生男生女有技巧〈增訂三版〉	360 元

《培訓叢書》

11	培訓師的現場培訓技巧	360 元
12	培訓師的演講技巧	360 元
14	解決問題能力的培訓技巧	360 元
15	戶外培訓活動實施技巧	360 元
16	提升團隊精神的培訓遊戲	360 元
17	針對部門主管的培訓遊戲	360 元
18	培訓師手冊	360 元
20	銷售部門培訓遊戲	360 元
21	培訓部門經理操作手冊（增訂三版）	360 元
22	企業培訓活動的破冰遊戲	360 元
23	培訓部門流程規範化管理	360 元
24	領導技巧培訓遊戲	360 元
25	企業培訓遊戲大全(增訂三版)	360 元
26	提升服務品質培訓遊戲	360 元
27	執行能力培訓遊戲	360 元

《傳銷叢書》

4	傳銷致富	360 元
5	傳銷培訓課程	360 元
7	快速建立傳銷團隊	360 元
10	頂尖傳銷術	360 元
11	傳銷話術的奧妙	360 元
12	現在輪到你成功	350 元
13	鑽石傳銷商培訓手冊	350 元
14	傳銷皇帝的激勵技巧	360 元
15	傳銷皇帝的溝通技巧	360 元
17	傳銷領袖	360 元
18	傳銷成功技巧（增訂四版）	360 元
19	傳銷分享會運作範例	360 元

《幼兒培育叢書》

1	如何培育傑出子女	360 元
2	培育財富子女	360 元
3	如何激發孩子的學習潛能	360 元
4	鼓勵孩子	360 元
5	別溺愛孩子	360 元
6	孩子考第一名	360 元
7	父母要如何與孩子溝通	360 元
8	父母要如何培養孩子的好習慣	360 元
9	父母要如何激發孩子學習潛能	360 元
10	如何讓孩子變得堅強自信	360 元

《成功叢書》

1	猶太富翁經商智慧	360 元
2	致富鑽石法則	360 元
3	發現財富密碼	360 元

《企業傳記叢書》

1	零售巨人沃爾瑪	360 元
2	大型企業失敗啟示錄	360 元
3	企業併購始祖洛克菲勒	360 元
4	透視戴爾經營技巧	360 元
5	亞馬遜網路書店傳奇	360 元
6	動物智慧的企業競爭啟示	320 元
7	CEO 拯救企業	360 元
8	世界首富　宜家王國	360 元
9	航空巨人波音傳奇	360 元
10	傳媒併購大亨	360 元

《智慧叢書》

1	禪的智慧	360 元
2	生活禪	360 元
3	易經的智慧	360 元
4	禪的管理大智慧	360 元
5	改變命運的人生智慧	360 元
6	如何吸取中庸智慧	360 元
7	如何吸取老子智慧	360 元
8	如何吸取易經智慧	360 元
9	經濟大崩潰	360 元
10	有趣的生活經濟學	360 元
11	低調才是大智慧	360 元

《DIY 叢書》

1	居家節約竅門 DIY	360 元
2	愛護汽車 DIY	360 元
3	現代居家風水 DIY	360 元
4	居家收納整理 DIY	360 元
5	廚房竅門 DIY	360 元
6	家庭裝修 DIY	360 元
7	省油大作戰	360 元

《財務管理叢書》

1	如何編制部門年度預算	360 元
2	財務查帳技巧	360 元
3	財務經理手冊	360 元
4	財務診斷技巧	360 元
5	內部控制實務	360 元
6	財務管理制度化	360 元
8	財務部流程規範化管理	360 元
9	如何推動利潤中心制度	360 元

為方便讀者選購，本公司將一部分上述圖書又加以專門分類如下：

《企業制度叢書》

1	行銷管理制度化	360 元
2	財務管理制度化	360 元
3	人事管理制度化	360 元
4	總務管理制度化	360 元
5	生產管理制度化	360 元
6	企劃管理制度化	360 元

《主管叢書》

1	部門主管手冊（增訂五版）	360 元

2	總經理行動手冊	360 元
4	生產主管操作手冊	380 元
5	店長操作手冊（增訂五版）	360 元
6	財務經理手冊	360 元
7	人事經理操作手冊	360 元
8	行銷總監工作指引	360 元
9	行銷總監實戰案例	360 元

《總經理叢書》

1	總經理如何經營公司（增訂二版）	360 元
2	總經理如何管理公司	360 元
3	總經理如何領導成功團隊	360 元
4	總經理如何熟悉財務控制	360 元
5	總經理如何靈活調動資金	360 元

《人事管理叢書》

1	人事經理操作手冊	360 元
2	員工招聘操作手冊	360 元
3	員工招聘性向測試方法	360 元
4	職位分析與工作設計	360 元
5	總務部門重點工作	360 元
6	如何識別人才	360 元
7	如何處理員工離職問題	360 元
8	人力資源部流程規範化管理（增訂三版）	360 元
9	面試主考官工作實務	360 元
10	主管如何激勵部屬	360 元
11	主管必備的授權技巧	360 元
12	部門主管手冊（增訂五版）	360 元

《理財叢書》

1	巴菲特股票投資忠告	360 元
2	受益一生的投資理財	360 元
3	終身理財計劃	360 元
4	如何投資黃金	360 元
5	巴菲特投資必贏技巧	360 元
6	投資基金賺錢方法	360 元
7	索羅斯的基金投資必贏忠告	360 元
8	巴菲特為何投資比亞迪	360 元

《網路行銷叢書》

1	網路商店創業手冊〈增訂二版〉	360 元
2	網路商店管理手冊	360 元

3	網路行銷技巧	360 元
4	商業網站成功密碼	360 元
5	電子郵件成功技巧	360 元
6	搜索引擎行銷	360 元

《企業計劃叢書》

1	企業經營計劃〈增訂二版〉	360 元
2	各部門年度計劃工作	360 元
3	各部門編制預算工作	360 元
4	經營分析	360 元
5	企業戰略執行手冊	360 元

《經濟叢書》

| 1 | 經濟大崩潰 | 360 元 |
| 2 | 石油戰爭揭秘(即將出版) | |

使用培訓、提升企業競爭力是萬無一
失、事半功倍的方法。其效果更具有超大的
「投資報酬力」！

好消息

最 暢 銷 的 培 訓 叢 書

名稱	特價	名稱	特價
4 領導人才培訓遊戲	360 元	17 針對部門主管的培訓遊戲	360 元
8 提升領導力培訓遊戲	360 元	18 培訓師手冊	360 元
11 培訓師的現場培訓技巧	360 元	19 企業培訓遊戲大全（增訂二版）	360 元
12 培訓師的演講技巧	360 元	20 銷售部門培訓遊戲	360 元
14 解決問題能力的培訓技巧	360 元	21 培訓部門經理操作手冊（增訂三版）	360 元
15 戶外培訓活動實施技巧	360 元	22 企業培訓活動的破冰遊戲	360 元
16 提升團隊精神的培訓遊戲	360 元	23 培訓部門流程規範化管理	360 元

　　上述各書均有在書店陳列販賣，若書店賣完而來不及由
庫存書補充上架，請讀者直接向店員詢問、購買，最快速、
方便！購買方法如下：

　　銀行名稱：合作金庫銀行 敦南分行(代碼：006)

　　帳號：5034-717-347-447

　　公司名稱：憲業企管顧問有限公司

　　郵局劃撥帳號：18410591

使用培訓、提升企業競爭力是萬無一
失、事半功倍的方法。其效果更具有超大的
「投資報酬力」！

好消息

最 暢 銷 的 傳 銷 叢 書

名稱	特價	名稱	特價
傳銷致富	360 元	13 鑽石傳銷商培訓手冊	350 元
傳銷培訓課程	360 元	14 傳銷皇帝的激勵技巧	360 元
快速建立傳銷團隊	360 元	15 傳銷皇帝的溝通技巧	360 元
0 頂尖傳銷術	360 元	17 傳銷領袖	360 元
1 傳銷話術的奧妙	360 元	18 傳銷成功技巧（增訂四版）	360 元
2 現在輪到你成功	350 元	19 傳銷分享會運作範例	360 元

上述各書均有在書店陳列販賣，若書店賣完而來不及由
庫存書補充上架，請讀者直接向店員詢問、購買，最快速、
方便！購買方法如下：

銀行名稱：合作金庫銀行 敦南分行(代碼：006)
帳號：5034-717-347-447
公司名稱：憲業企管顧問有限公司
郵局劃撥帳號：18410591

使用培訓、提升企業競爭力是萬無一
失、事半功倍的方法。其效果更具有超大的
「投資報酬力」！

好消息

最 暢 銷 的 醫 學 保 健 叢 書

名稱	特價	名稱	特價
1 9 週加強免疫能力	320 元	24 如何治療糖尿病	360 元
3 如何克服失眠	320 元	25 如何降低膽固醇	360 元
4 美麗肌膚有妙方	320 元	26 人體器官使用說明書	360 元
5 減肥瘦身一定成功	360 元	27 這樣喝水最健康	360 元
6 輕鬆懷孕手冊	360 元	28 輕鬆排毒方法	360 元
7 育兒保健手冊	360 元	29 中醫養生手冊	360 元
8 輕鬆坐月子	360 元	30 孕婦手冊	360 元
11 排毒養生方法	360 元	31 育兒手冊	360 元
12 淨化血液　強化血管	360 元	32 幾千年的中醫養生方法	360 元
13 排除體內毒素	360 元	33 免疫力提升全書	360 元
14 排除便秘困擾	360 元	34 糖尿病治療全書	360 元
15 維生素保健全書	360 元	35 活到 120 歲的飲食方法	360 元
16 腎臟病患者的治療與保健	360 元	367 天克服便秘	360 元
17 肝病患者的治療與保健	360 元	37 為長壽做準備	360 元
18 糖尿病患者的治療與保健	360 元	38 生男生女有技巧〈增訂二版〉	360 元
19 高血壓患者的治療與保健	360 元	39 拒絕三高有方法	360 元
22 給老爸老媽的保健全書	360 元	40 一定要懷孕	360 元
23 如何降低高血壓	360 元		

上述各書均有在書店陳列販賣，若書店賣完而來不及由庫存書補充上架，請讀者

直接向店員詢問、購買，最快速、方便！購買方法如下：

銀行名稱：合作金庫銀行　敦南分行（代碼：006）

帳號：5034-717-347-447

公司名稱：憲業企管顧問有限公司

郵局劃撥帳號：18410591

如何藉助流程改善，

提升企業績效？

敬請參考下列各書，內容保證精彩：
- 透視流程改善技巧（380 元）
- 工廠管理標準作業流程（380 元）
- 商品管理流程控制（380 元）
- 如何改善企業組織績效（360 元）
- 診斷改善你的企業（360 元）

上述各書均有在書店陳列販賣，若書店賣完而來不及由庫存書補充上架，請讀者直接向店員詢問、購買，最快速、方便！購買方法如下：

銀行名稱：合作金庫銀行 敦南分行(代碼：006)

帳號：5034-717-347-447

公司名稱：憲業企管顧問有限公司

郵局劃撥帳號：18410591

在大陸的·········
台灣上班族

愈來愈多的台灣上班族，到大陸工作（或出差），
對工作的努力與敬業，是台灣上班族的核心競爭力；一個明
顯的例子，返台休假期間，台
灣上班族都會抽空再買書，設
法充實自身專業能力。

[憲業企管顧問公司]以
專業立場，為企業界提供最專
業的各種經營管理類圖書。

85%的台灣上班族都曾經
有過購買（或閱讀）[憲業企管
顧問公司]所出版的各種企管
圖書。

建議你：工作之餘要多看書，加強競爭力。

建立企業圖書館

當市場競爭激烈時：

培訓員工，強化員工競爭力
是企業最佳對策

「人才」是企業最大的財富。如何提升人才，是企業永續經營、戰勝對手的核心競爭力。積極培訓公司內部員工，是經濟不景氣時期的最佳戰略，而最快速的具體作法，就是「建立企業內部圖書館，鼓勵員工多閱讀、多進修專業書籍」

建議您：請一次購足本公司所出版各種經營管理類圖書，作為貴公司內部員工培訓圖書。使用率高的（例如「贏在細節管理」），準備 3 本；使用率低的（例如「工廠設備維護手冊」），只買 1 本。

培訓叢書 ㉗　　　　　　　售價：360 元

執行能力培訓遊戲

西元二〇〇八年三月	初版一刷
西元二〇一三年十月	增訂版一刷

編輯指導：黃憲仁

編著：李宇風

策劃：麥可國際出版有限公司（新加坡）

編輯：蕭玲

校對：劉飛娟

發行人：黃憲仁

發行所：憲業企管顧問有限公司

電話：(02) 2762-2241　　(03) 9310960　　0930872873

電子郵件聯絡信箱：huang2838@yahoo.com.tw

銀行 ATM 轉帳：合作金庫銀行　　帳號：5034-717-347447

郵政劃撥：18410591　　憲業企管顧問有限公司

江祖平律師顧問：紙品書、數位書著作權與版權均歸本公司所有

登記證：行政業新聞局版台業字第 6380 號

本公司徵求海外版權出版代理商 （0930872873）

本圖書是由憲業企管顧問（集團）公司所出版，以專業立場，為企業界提供最專業的各種經營管理類圖書。

圖書編號 ISBN：978-986-6084-80-5